ICT 建设与运维岗位能力培养丛书

广东省计算机网络技术专业资源库核心课程配套教材

U0180138

基于 VMware vSphere 7.0 的虚拟化技术项目化教程

简碧园　黄君羡　主　编

曾振东　罗定福　王　丹　副主编

正月十六工作室　组　编

电子工业出版社

Publishing House of Electronics Industry

北京 · BEIJING

内 容 简 介

本书是一本基于 VMware vSphere 7.0 的虚拟化技术项目化教材,项目 1 为基于 VMware vSphere 虚拟化技术的私有云平台规划,项目 2 为搭建 VMware ESXi 虚拟化平台,项目 3 为基于 iSCSI 存储服务器的搭建,项目 4 为部署 vCenter Server 平台,项目 5 为搭建 VMware 虚拟网络,项目 6 为搭建虚拟机,项目 7～10 详细介绍了 vCenter Server 的 vMotion、DRS、HA 和 FT 高级应用。全书以一个云计算中心私有云平台项目为依托,采用工作过程系统化的思路设计和规划各项目,将 VMware vSphere 7.0 涉及的主要组件串联起来,由简到深,环环相扣。

本书不仅可以作为高等院校、职业院校云计算技术与应用、计算机网络技术等相关专业的学生教材,还可以作为对 VMware vSphere 虚拟化技术感兴趣的读者的参考用书。

图书在版编目(CIP)数据

基于 VMware vSphere 7.0 的虚拟化技术项目化教程 / 简碧园,黄君羡主编. —北京:电子工业出版社,2024.1
ISBN 978-7-121-46885-8

Ⅰ. ①基… Ⅱ. ①简… ②黄… Ⅲ. ①虚拟处理机—高等职业教育—教材 Ⅳ. ①TP317

中国国家版本馆 CIP 数据核字(2023)第 238312 号

责任编辑:李 静
印　　刷:三河市龙林印务有限公司
装　　订:三河市龙林印务有限公司
出版发行:电子工业出版社
　　　　　北京市海淀区万寿路 173 信箱　邮编:100036
开　　本:787×1092　1/16　　印张:18.25　字数:468 千字
版　　次:2024 年 1 月第 1 版
印　　次:2024 年 4 月第 2 次印刷
定　　价:54.80 元

凡所购买电子工业出版社图书有缺损问题,请向购买书店调换。若书店售缺,请与本社发行部联系,联系及邮购电话:(010)88254888,88258888。
质量投诉请发邮件至 zlts@phei.com.cn,盗版侵权举报请发邮件至 dbqq@phei.com.cn。
本书咨询联系方式:(010)88254604 或 lijing@phei.com.cn。

前　　言

本书在编写时已经过职业院校教学、企业培训的多次打磨，巧妙融合了开发团队多年的教学与培训经验。本书采用容易让读者理解的方式，通过场景化的项目案例将理论与应用密切结合，让技术的应用更具有画面感；通过标准化业务实施流程，让读者熟悉工作过程；通过项目拓展进一步巩固读者的业务能力，促进其养成规范的职业习惯。全书通过 10个精心设计的项目帮助读者逐步掌握基于 VMware vSphere 的虚拟化技术配置与管理，成为一名准 IT 系统管理工程师。本书的特色如下。

1. 课证融通、校企双元合作开发

本书围绕云计算中心运维岗位对照云计算中心私有云平台的规划设计、VMware 虚拟化平台的部署、网络存储服务器的搭建、vCenter Server 平台的搭建、服务器高可用、云桌面等技能的要求，导入了企业的典型项目案例和标准化业务实施流程；高校教师团队按应用型人才培养要求和教学标准，将厂商和服务商的资源进行教学化改造，形成符合读者认知特点的工作过程系统化教材。

2. "项目贯穿、课产融合"，教材内容符合云计算中心运维岗位技能培养要求

用业务流程驱动学习过程。本书将一个综合项目按企业工程项目实施流程分解为若干工作任务，项目结构示意图如图 1 所示。通过项目学习目标、项目描述、项目分析、相关知识为项目实施做铺垫；本书中任务由任务规划、任务实施和任务验证（验收）三部分构成，符合工程项目实施的一般规律。

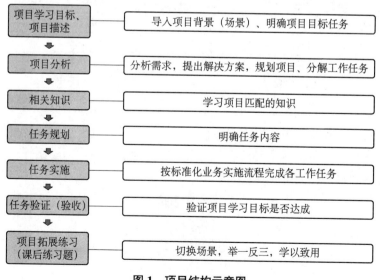

图 1　项目结构示意图

项目拓展实训具有延续性和复合型特征。正月十六工作室精心设计了实训内容，不仅考核本项目相关知识、技能和业务流程，还涉及前序知识与技能，符合企业项目的复合性特点，既巩固了知识和技能，又能让读者熟悉知识与技能在实际场景中的应用与业务实施流程。

　　本书可以作为云计算技术与应用、计算机网络技术等相关专业的网络类课程的学生教材或实验指导书，用来增强学生的云计算知识、操作技能。同时，本书对于从事云计算数据中心运维的技术人员来说，也是一本很实用的技术参考书。若本书作为教学用书，则当总学时为 50～72 时，各项目的参考学时如表 1 所示。

表 1　学时分配表

项目名称	参考学时/学时
项目 1　基于 VMware vSphere 虚拟化技术的私有云平台规划	4～6
项目 2　搭建 VMware ESXi 虚拟化平台	4～6
项目 3　基于 iSCSI 存储服务器的搭建	6～8
项目 4　部署 vCenter Server 平台	6～8
项目 5　搭建 VMware 虚拟网络	4～6
项目 6　搭建虚拟机	4～6
项目 7　配置 vCenter Server 高级应用——vMotion	6～8
项目 8　配置 vCenter Server 高级应用——DRS	4～6
项目 9　配置 vCenter Server 高级应用——HA	4～6
项目 10　配置 vCenter Server 高级应用——FT	6～8
课程考评	2～4
总学时	50～72

　　本书由简碧园和黄君羡任主编，教材参编单位和编者详细信息如表 2 所示。

表 2　教材参编单位和编者信息

参编单位	编　者
广东交通职业技术学院	简碧园、黄君羡
广东行政职业学院	曾振东
广东松山职业技术学院	罗定福
广东水利水电职业技术学院	王丹
正月十六工作室	蔡君贤、陈诺、江泽明、赖裕鑫

　　由于编者水平和经验有限，书中难免存在不足及疏漏之处，恳请读者批评指正。本书配有丰富的教学资源，包括电子课件、电子教案、微课、课后习题答案等，读者可登录华信教育资源网下载本书相关资源。

编　者

2023 年 9 月

教材资源服务交流 QQ 群

（QQ 群号：684198104）

目　　录

项目 1　基于 VMware vSphere 虚拟化技术的私有云平台规划

 项目学习目标

（1）了解云计算与虚拟化技术的概念。
（2）了解 VMware vSphere 的主要组件。
（3）了解私有云平台的需求规划与背景分析。
（4）掌握私有云平台的规划和拓扑设计方法。

 项目描述

Jan16 公司希望基于 VMware vSphere 虚拟化技术搭建公司的私有云平台，提高公司服务器的计算、网络和存储等资源的利用率，并且能为今后的升级扩容提供平台基础，为此，公司需购买架构公司私有云平台的硬件设备和软件等。工程师小莫需要进行计算、网络和存储等资源的规划，并规划设计基于 VMware vSphere 虚拟化技术的私有云平台架构拓扑。

 项目分析

根据公司需求，首先设计出相应的私有云平台拓扑，再规划网络地址和设备用途。

 相关知识

1.1　云计算基础

1. 云计算的基本概念

扫一扫，看微课

云计算（Cloud Computing）是指各种 IT 基础设施（硬件）、开发平台或软件等资源的交付和使用模式，即用户根据自身业务需求，通过网络向服务商获得 IT 基础设施（硬件）、开发平台或软件等资源的服务模式。

2. 云计算的三种服务模式介绍

（1）IaaS（Infrastructure as a Service，基础设施即服务）。

IaaS 为用户提供计算和存储等 IT 基础设施资源，用户在基础设施中部署云主机并运行操作系统和应用程序时，不需要管理和控制硬件设备，但可以控制应用程序。

（2）PaaS（Platform as a Service，平台即服务）。

PaaS 是将软件研发的平台即业务基础平台作为一种服务提交给用户，能够为用户提供定制的多元化的开发平台等服务。

（3）SaaS（Software as a Service，软件即服务）。

SaaS 是一种通过网络向用户提供相关软件的服务模式，可以实现用户通过租用软件的方式管理企业经营活动，并且无须管理和维护软件。

1.2 虚拟化基础

扫一扫，看微课

1. 虚拟化的概念

虚拟化是指通过虚拟化技术将一台物理计算机虚拟为多台逻辑计算机，即在一台物理机上同时运行多个逻辑计算机。虚拟机是"虚拟化"的其中一种应用。

2. 虚拟化的分类

（1）虚拟化按规模主要可以分为两种，即企业级虚拟化和单机虚拟化。

（2）虚拟化按类型主要分为三种，即网络虚拟化、存储虚拟化和服务器虚拟化。

3. 虚拟化技术的概念

在 IT 领域，虚拟化技术一般是指把有限的固定资源根据不同需求重新规划以实现资源高效利用的一种技术。虚拟化技术是实现云计算的基础，云计算运行于虚拟化平台之上，由虚拟化平台提供底层的硬件支持。

1.3 VMware vSphere 基础

VMware vSphere 是业界领先的虚拟化平台，能够通过虚拟化扩展应用、重新定义可用性和简化虚拟数据中心，最终可实现高可用、恢复能力强的按需基础架构，同时可以降低数据中心成本，增加系统和应用正常运行时间，以及提供简化的数据中心。

VMware vSphere 的两个核心组件是 ESXi 和 vCenter Server。ESXi 是用于创建和运行虚拟机及虚拟设备的虚拟化平台。vCenter Server 是管理平台，充当连接网络的 ESXi 主机的中心管理员，vCenter Server 可用于将多个 ESXi 主机加入资源池中并管理这些资源。

1.4　vCenter Server 基础

1. vCenter Server 的基本概念

vCenter Server 是 VMware vSphere 虚拟化架构中的核心管理工具，使用 vCenter Server 可以集中管理多台 ESXi 主机及其虚拟机。vCenter Server 允许管理员集中部署、管理和监控虚拟基础架构，实现自动化和安全性。然而，vCenter Server 的安装、配置和管理不当，可能会导致管理效率降低，甚至导致 ESXi 主机和虚拟机停机。

2. vCenter Server 的部署方式

vCenter Server 有两种部署方式，一种是在 Windows Server 系统中安装各项组件，包括数据库、SSO（单点登录）、目录服务、VMware vCenter 等，安装较为复杂，需要一台独立的服务器；另一种则是以虚拟机的方式安装到 ESXi 主机上，以虚拟机的方式运行，也称为 VCSA（vCenter Server Appliance）。vCenter Server 的拓扑如图 1-1 所示。

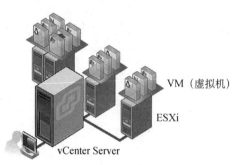

VM（虚拟机）

ESXi

vCenter Server

图 1-1　vCenter Server 的拓扑

1.5　私有云基础

1. 云计算提出的背景

在传统 IT 的基础架构环境中，面对日益增长的业务需求，服务器的资源消耗不断增多，然而可用的服务器资源不足，导致项目规模的扩展受限。系统管理人员忙于日常运维、巡检等工作，技术的复杂性使得部署时间越来越长，导致服务上线时间延长。为了应对这些压力，人们开始寻求新的技术和管理解决方案。

云计算的概念在业务管理的角度上被人们所接受，因云计算节省投资、功能可快速部署、按需使用的特性，得到企业业务管理层的认可，从而使云计算迅速扩展，并成为真正落地的解决方案。

云计算通过资源池技术，实现应用服务器和硬件服务器的隔离，并使用硬件资源切片技术，以逻辑虚拟服务器为业务应用提供服务。这样物理资源得到充分利用，降低了部署成本。虚拟化技术将虚拟服务器保存成文件，以便快速部署服务。

2. 私有云的需求分析

有些人认为私有云只是在本地实施虚拟化的一种扩展，但实际上它不止于此。实施私有云有助于打破传统数据中心的数据孤岛，并提高企业各部门的数据传递、业务部署的效率。这对于以安全为中心的初创企业来说是很友好的，但也提出了一些要求。

私有云平台提高了技术的灵活性，并以用户自助服务为前提。对于许多公司来说，虚拟化是私有云的起点。从这个角度来看，私有云的实现是添加一个方便的交互层，允许用户自行部署他们所需要的 IT 资源。若要部署私有云，请确保 IT 部门有足够的知识技能。以下是一般情况下私有云环境中所需的配置。

（1）服务器虚拟化。

大多数私有云都要部署虚拟机，因此需要一个平台。许多公司使用虚拟化平台，它提供了一个稳定且经过验证的平台，大大降低了硬件部署成本。

（2）网络虚拟化。

在私有云虚拟化的构建过程中，对网络的配置提出了新的要求（如可伸缩性、可编程性等）。通过 SDN（Software Defined Network，软件定义网络）技术，可根据物理设备的需要，创建或处理数据包。

（3）存储虚拟化。

存储需要的另一点是高可伸缩性。在传统的 SAN（Storage Area Network，存储区域网络）产品中，增加存储空间通常意味着增加更多的磁盘，这就需要更多的磁盘柜、机架空间，以及向 SAN 供应商支付更多的许可证费用。然而在私有云中并不必如此，因为用户只需单击，就可以调整磁盘空间。

3. 私有云如何工作

与其他类型的云环境类似，私有云使用虚拟化技术将计算资源合并到共享池中，并根据企业需求自动对其进行调配。这使企业可以进行扩展并最大限度地提高资源使用率。与公有云的区别在于，私有云中的计算资源专属于单个企业，不与其他租户共享。用户可以通过公司内联网或虚拟专用网络（VPN）访问私有云。

4. 私有云的优势

（1）全面的系统控制，更强的安全性。

私有云使用专用硬件和物理基础架构，仅供单个企业专用，故可提供全面的系统控制，也大大提高了安全性。

（2）更出色的性能。

因为硬件仅供本地专用，故私有云服务的工作负载性能不会受到公有云服务其他共享用户的影响，也不会受到公有云服务中断的影响。

（3）长期节约成本。

尽管设置私有云基础架构的费用非常高昂，但从长远来看，这笔投资还是值得的。如果企业已经拥有了进行托管所需的硬件和网络，与按月支付费用来使用的公有云相比，私有云的经济成本还是要低得多的。

（4）可扩展性。

如果企业现有的硬件资源不够用，它可以轻松地添加更多资源。如果增长是临时性的，企业可以转向混合云解决方案，只在必要时才使用公有云，这样不仅有足够的扩展性，还可以降低扩展成本。

（5）可预测的成本。

使用公有云的成本非常难以预测，而使用私有云时，无论企业运行何种服务，每月的成本都是固定可预测的。

（6）更好的自定义设置。

公司可自由配置私有云。根据公司发展的需求，重新分配资源并制定专门运行的云环境就容易得多。管理员可以访问其私有云环境中的任何一级设置，不必受限于公有云服务提供商设置的策略。

1.6　私有云平台拓扑

用户可根据私有云平台应用需求，制定相应拓扑。私有云平台拓扑示例如图 1-2 所示。

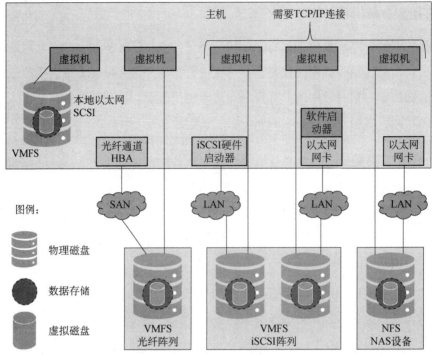

图 1-2   私有云平台拓扑示例

1.7   网络规划

网络规划的目标是设计一种能降低成本、改善性能、提高可用性、提供安全性，以及增强功能的虚拟网络基础架构，该架构能够更流畅地在应用、存储、用户和管理员之间传递数据。

也因此，网络规划必须经过合理优化，以满足应用、服务、存储、管理员和用户的各种需求。

1.8   软硬件规划

要构建私有云平台需要考虑诸多因素，尤其是当预算并不宽裕的时候。通过仔细地规划硬件、软件、存储和网络配置，就能在有限预算内实现性能的合理化与最大化。

处理器架构取决于服务需求。对于大数据分析，高端的处理器集群配合海量内存，无疑是最好的配置；对于 Web 服务器或一般通用计算，可以使用基于 x86 或 ARM 架构的服务器。

使用重复数据删除技术可以将存储能力提升到 6 倍之多；随着存储介质的读写性能不断提升，存储密度不断增加，未来阵列的数量可以减少，同时物理尺寸可以缩得更小。

此外，软件定义存储（SDS）已经走入市场，从而避免在预算紧迫的情况下使用复杂且昂贵的高端阵列。

1.9　性能指标

在实施虚拟化的前期，需要进行虚拟机容量规划，即规划在一台物理服务器上，最多能放几台虚拟机。这是一个综合性问题，既要考虑主机的 CPU、内存、磁盘（容量与性能）资源利用情况，也要考虑分配给虚拟机的资源。

计算每台服务器实际需要的 CPU 资源、内存资源与磁盘空间，计算方式为：

- 实际 CPU 资源=该台服务器的 CPU 频率×CPU 数量×CPU 使用率
- 实际内存资源=该台服务器的内存×内存使用率
- 实际硬盘空间=硬盘容量−剩余空间

构建模块化存储解决方案如下。

在模块化存储解决方案中，应同时考虑容量和性能。配置存储多路径功能，配置主机、交换机和存储阵列级别的冗余以便提高可用性、可扩展性和性能；在保证安全策略的前提下，允许集群中的所有主机访问相同的数据存储，还可以提高数据存储的利用率。

对于光纤通道、NFS（网络文件系统）和 iSCSI（互联网小型计算机系统接口）存储，可对存储进行相应设计，以降低延迟并提高可用性。对于每秒要处理大量事务的工作负载来说，将工作负载分配到不同位置尤其重要（如数据采集或事务日志记录系统）。通过减少存储路径中的跳点数量来降低延迟。同时，为确保对主机与 iSCSI 资源的稳定访问，应该为 iSCSI 启动器和目标配置静态 IP 地址。

对于基于 IP 的存储，应使用单独的专用网络或 VLAN 以隔离存储流量，避免与其他流量类型争用资源，从而可以降低延迟并提高性能。

 项目实施

任务　规划与设计基于 VMware vSphere 虚拟化技术的公司私有云平台

▶ 任务规划

根据应用场景规划与设计公司私有云平台的虚拟化架构，包括以下内容。

（1）根据应用场景设计公司私有云平台架构拓扑图。

（2）根据应用场景选购合适的硬件。

（3）根据公司私有云平台架构进行服务器的硬件和软件规划。

1. 根据应用场景设计公司私有云平台架构拓扑图

根据公司需求设计公司私有云平台架构拓扑图，如图 1-3 所示。

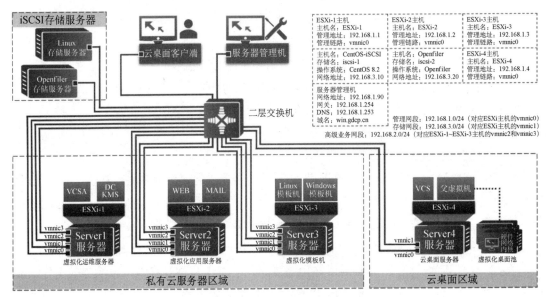

图 1-3 公司私有云平台架构拓扑图

2. 根据应用场景选购合适的硬件

（1）由于 Jan16 公司正处于发展的初期阶段，所以当前业务流量并不是很大，考虑未来拓展性和当前成本的问题，选购最适合公司当前需求的硬件设备，具体硬件选型如表 1-1～表 1-3 所示。

表 1-1 服务器选型

名　　称	要　　求
服务器型号	FusionServer Pro 2288H V5
形态	2U 2 路机架服务器
处理器	1/2 个第一代英特尔®至强®可扩展处理器 3100/4100/5100/6100/8100 系列，最高 205W
内存	24 个 DDR4 内存插槽
风扇	4 个热拔插风扇，支持 N+1 冗余
存储	可配置 8 个 2.5 英寸 SAS/SATA/SSD 硬盘； 可配置 31 个 2.5 英寸 SAS/SATA/SSD 硬盘（1 英寸=2.54 厘米）
网络	板载网卡：2 个 10GE 接口与 2 个 GE 接口。 灵活插卡：可选配 2 个 GE 接口，或 4 个 GE 接口，或 2 个 10GE 接口，或 2 个 25GE 接口，或 1/2 个 56G FDR IB 接口
电源	可配置 2 个冗余热插拔电源，支持 1+1 冗余

表 1-2　固态磁盘选型

硬盘型号	顺序读取速度	顺序写入速度	缓　存	容　量	数　量
三星 MZ-V7S2T0B	3500MB/s	3300MB/s	2GB	2TB	10 个

表 1-3　机械磁盘选型

磁盘型号	接口类型	转　速	容　量	数　量
西部数据 Ultrastar DC HC 520	SATA	7200RPM	12TB	5 个

（2）考虑在虚拟化的环境里，每台物理服务器会有多个网卡，虚拟化主机一般有 6 个或 8 个甚至更多的网络接口卡，所以需要更多的边缘交换机或分布式交换机，此时对交换机的背板带宽及上行线路有更高的要求，在中小型企业中，华为 S57 系列的交换机可满足大多数业务的需求，交换机选型如表 1-4 所示。

表 1-4　交换机选型

产品型号	描　　述	千兆/万兆以太网光混合接口板	业务槽位	数量/个
华为 S5720-32P-E-AC	24 个 10/100/1000Base-T 以太网端口，4 个 100/1000 SFP（小型可插拔）光模块，4 个千兆 SFP，2 个 QSFP（四通道 SFP 接口）+堆叠口； 交流供电，电源前置，支持 RPS（冗余电源系统）； 交换容量为 598Gbps/5.98Tbps； 包转发率为 168Mpps	LSS7X24BX6S0 24 端口万兆以太网光接口和 24 端口千兆以太网光接口板（6S，SFP+）	3	1
华为 S5720-32X-EAC	24 个 10/100/1000Base-T 以太网端口，4 个 100/1000 SFP，4 个万兆 SFP+，2 个 QSFP+堆叠口； 交流供电，电源前置，支持 RPS 冗余电源； 交换容量为 598Gbps/5.98Tbps； 包转发率为 222Mpps	LSS7X24BX6E0 24 端口万兆以太网光接口和 24 端口千兆以太网光接口板（6E，SFP+）	3	1

3. 根据公司私有云平台架构进行服务器的硬件和软件规划

（1）基本的硬件设备选型完成之后，将对服务器和虚拟机的 IP 地址等相关内容进行规划，详细规划如表 1-5～表 1-7 所示。

表 1-5　服务器的 IP 地址及功能规划

主机名	IP 地址	配　　置	用户名	密　码	用　途
ESXi-1	网卡 1：192.168.1.1 网卡 2：192.168.3.1 网卡 3：192.168.2.1 网卡 4：192.168.2.11	CPU：16 核 内存：32GB 固态硬盘：256GB 机械硬盘：200GB	root	Jan16@123	虚拟化运维服务器
ESXi-2	网卡 1：192.168.1.2 网卡 2：192.168.3.2 网卡 3：192.168.2.2 网卡 4：192.168.2.12	CPU：16 核 内存：32GB 固态硬盘：256GB 机械硬盘：200GB	root	Jan16@123	虚拟化应用服务器

（续表）

主机名	IP 地址	配 置	用户名	密 码	用 途
ESXi-3	网卡 1：192.168.1.3 网卡 2：192.168.3.3 网卡 3：192.168.2.3 网卡 4：192.168.2.13	CPU：16 核 内存：32GB 固态硬盘：256GB 机械硬盘：200GB	root	Jan16@123	虚拟化模板机
ESXi-4	网卡 1：192.168.1.4 网卡 2：192.168.3.4	CPU：16 核 内存：32GB 固态硬盘：256GB 机械硬盘：200GB	root	Jan16@123	云桌面服务器
Openfiler 存储服务器	192.168.3.20	CPU：4 核 内存：8GB 机械硬盘：2TB	root	Jan16@123	存储服务器 1
Linux 存储服务器	192.168.3.10	CPU：4 核 内存：8GB 机械硬盘：2TB	root	Jan16@123	存储服务器 2
服务器 管理机	192.168.1.90	CPU：2 核 内存：4GB 固态硬盘：128GB	Administrator	Jan16@123	运维服务器

表 1-6 虚拟机的 IP 地址规划

虚拟机名	IP 地址	网 关	DNS	域 名
VCSA	192.168.1.200/24	192.168.1.254	192.168.1.253	vcsa.jan16.cn
DC KMS	192.168.1.253/24			kms.jan16.cn
MAIL	192.168.1.101/24			mail.jan16.cn
WEB	192.168.1.102/24			www.jan16.cn
Windows 模板机	DHCP 自动获取			
Linux 模板机				
VCS	192.168.1.105/24	192.168.1.254	192.168.1.253	vcs.jan16.cn
父虚拟机	DHCP 自动获取			

表 1-7 虚拟机的功能规划

虚拟机名	配 置	操作系统	用户名	密 码	用 途
VCSA	内核：2 个 内存：12GB	Linux	Administrator@Jan16.com	Jan16@123	vCenter 数据中心
DC KMS	内核：2 个 内存：4GB	Windows Server 2012	Administrator	Jan16@123	DC（域控制器）、 DHCP（动态主机配置 协议）和 KMS（在线 存放激活码的系统）
MAIL	内核：1 个 内存：2GB	CentOS 8.2	root	Jan16@123	邮件服务器
WEB	内核：1 个 内存：2GB	CentOS 8.2	root	Jan16@123	网页服务器

（续表）

虚拟机名	配　置	操作系统	用户名	密　码	用　途
Windows 模板机	内核：1 个 内存：2GB	Windows Server 2012	Administrator	Jan16@123	模板机
Linux 模板机	内核：1 个 内存：2GB	CentOS 8.2	root	Jan16@123	模板机
VCS	内核：2 个 内存：8GB	Windows Server 2012	Administrator	Jan16@123	Horizon（VMware 企业级云桌面管理系统）
父虚拟机	内核：2 个 内存：4GB	Windows 10 LTSC	Administrator	Jan16@123	虚拟化桌面池

（2）项目规划设计的软件清单如表 1-8 所示。

表 1-8　项目规划设计的软件清单

主机名	操作系统	所安装的软件名称
ESXi-1、ESXi-2、ESXi-3、ESXi-4	ESXi 7.0	VMware-VMvisor-Installer-7.0.0-15843807.x86_64
VCSA	Linux	VMware-VCSA-all-7.0.2-17920168
DC KMS、Windows 模板机	Windows Server 2012	cn_windows_server_2012_updated_feb_2018_x64_dvd
MAIL、WEB、Linux 模板机、Linux 存储服务器	CentOS 8.2	CentOS-8.2.2004-x86_64-dvd1
VCS	Windows Server 2012	VMware-Horizon-Connection-Server-x86_64-8.0.0-16592062
父虚拟机	Windows 10	cn_windows_10_enterprise_ltsc_2019_x64_dvd
Openfiler 存储服务器	Openfiler	openfileresa-2.99.1-x86_64-disc1

课 后 练 习 题

选择题

1. 云计算的三种服务模式包括？（　　　　）（多选）

A. IaaS　　　　　B. PaaS　　　　　C. SaaS　　　　　D. PHP

2. ESXi 修改 IP 地址时需要按（　　　　）键。

A. F1　　　　　B. F4　　　　　C. F2　　　　　D. F5

3. 访问 ESXi 的 Web 界面的操作方式是（　　　）。

A. 在浏览器地址栏中输入 ESXi 主机 IP 地址

B. 使用 CMD（命令提示符）进行连接

C. 使用 PowerShell（跨平台的任务自动化解决方案）进行连接

D. 使用 CRT（计算机远程终端）进行连接

项目 2　搭建 VMware ESXi 虚拟化平台

项目学习目标

（1）了解 VMware ESXi 的概念、应用场景和服务优势。

（2）掌握 VMware ESXi 的安装和管理方法。

项目描述

Jan16 公司为了能够充分地利用计算、网络、存储资源，在数据中心的建设与管理中采用了 VMware vSphere 虚拟化技术对服务器集群进行管理，从而使庞大的服务器集群管理更高效。VMware vSphere 的两个核心组件是 VMware ESXi 和 VMware vCenter Server。VMware ESXi 可以用于创建和运行虚拟机及虚拟设备的虚拟化平台，在服务器上安装 VMware ESXi，是搭建虚拟化平台的第一步。本项目将搭建 ESXi-1、ESXi-2、ESXi-3 和 ESXi-4 共 4 台 ESXi 服务器。ESXi-1 配置 VMware vCenter Server 服务，管理虚拟化架构中的所有的硬件资源，同时充当虚拟化架构的域控制器服务的角色；ESXi-2 与 ESXi-3 部署了高可用服务，除此之外 ESXi-3 还存储了备用的模板机；ESXi-4 是作为公司部署云桌面服务的区域。信息中心拓扑规划如图 2-1 所示。

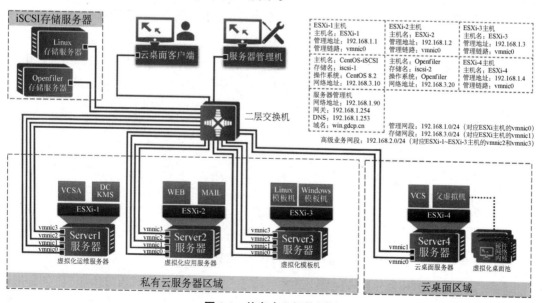

图 2-1　信息中心拓扑规划

为搭建 VMware ESXi 虚拟化平台，公司采购了 4 台服务器、1 台客户端（PC）和 1 台交换机，其中，4 台服务器用于部署 7.0 版本的 ESXi 虚拟化平台，设备清单如表 2-1 所示。4 台服务器的硬件配置信息，如表 2-2 所示。4 台服务器的 IP 地址及账号信息，如表 2-3 所示。

表 2-1　设备清单

序　　号	设　　备	厂　　商	型　　号	数　　量
1	服务器	华为	H2288 V5	4
2	交换机	锐捷	RG-S2910	1

表 2-2　4 台服务器的硬件配置信息

主机名	CPU	内　存	硬　盘	用　　途
ESXi-1	6 核 12 线程	32GB	500GB	虚拟化运维服务器
ESXi-2	6 核 12 线程	8GB	200GB	虚拟化应用服务器
ESXi-3	6 核 12 线程	8GB	200GB	虚拟化模板机
ESXi-4	6 核 12 线程	16GB	500GB	云桌面服务

表 2-3　4 台服务器的 IP 地址及账号信息

序　　号	主机名	IP 地址	操作系统	用户名	密　　码
1	ESXi-1	192.168.1.1	VMware ESXi 7.0.2	root	Jan16@123
2	ESXi-2	192.168.1.2	VMware ESXi 7.0.2	root	Jan16@123
3	ESXi-3	192.168.1.3	VMware ESXi 7.0.2	root	Jan16@123
4	ESXi-4	192.168.1.4	VMware ESXi 7.0.2	root	Jan16@123

项目分析

公司网络管理员需在信息中心的 4 台服务器上部署 VMware ESXi 虚拟化平台，并配置 4 台服务器对应的 TCP/IP 相关信息，搭建完成虚拟化平台后，在客户端上使用浏览器访问和管理虚拟化平台，随后将 Windows Server 2012 操作系统的安装文件上传到 VMware ESXi 虚拟化平台的本地存储中，作为后续在 VMware ESXi 虚拟化平台上所创建的虚拟机的操作系统。

（1）在 4 台服务器上安装并配置 VMware ESXi 7.0.2 虚拟化平台；

（2）管理 VMware ESXi 虚拟化平台。

相关知识

2.1　VMware ESXi 简介

ESXi 是 VMware 公司推出的一款优秀的服务器虚拟化软件。我们常用的虚拟机是需要在操作系统之上创建的，如在 Windows 操作系统上使用 VMware Workstation，或者在 Linux 操作系统上使用 Virtualbox。而 VMware ESXi 不依赖任何操作系统，它本身就可以看作一个虚拟化平台的系统软件，可以在 VMware ESXi 虚拟化平台上搭建虚拟机，并在虚拟机上安装操作系统，这样就可以使用虚拟机了。VMware ESXi 是用于创建和运行虚拟机的虚拟化平台。

2.2　VMware ESXi 的优势

- 整合硬件，以实现更高的容量利用率。
- 提升性能，以获得竞争优势。
- 通过集中管理功能精简 IT 管理程序。
- 最大限度地减少运行虚拟机监控器所需的硬件资源，进而提高效率。

2.3　VMware ESXi 的特点

VMware ESXi 可将多个服务器整合到较少的物理设备中，从而减少对空间、电力资源和 IT 管理的要求，同时提升性能。

VMware ESXi 占用空间仅约 150MB，却可实现很多功能，还能最大限度地降低虚拟机监控器的安全风险。

VMware ESXi 适应任何内存大小的应用，支持最高可达 128 个虚拟 CPU、6 TB 的 RAM（随机存取内存）和 120 台设备，以满足虚拟机的应用需求。

2.4　VMware ESXi 体系的特点

1. 提高了可靠性和安全性

VMware vSphere 5.0 之前的版本中提供的 VMware ESXi 体系结构依赖基于 Linux 的控制台操作系统（COS）来实现可维护性。在独立于操作系统的新 VMware ESXi 体系结构中，去除了大约 2GB 的 COS，并直接在核心 VMkernel 中实现了必备的管理功能。去除 COS 后使 VMware ESXi 虚拟化管理程序的安装占用空间迅速减小到约 150MB，并因消除了与通用操作系统相关的安全漏洞而提高了安全性和可靠性。

2. 简化部署和配置

新的 VMware ESXi 体系结构的配置项要少得多，因此可以极大地简化部署和配置流程，更容易操作。

3. 减少管理开销

VMware ESXi 体系结构采用基于 API（应用程序编程接口）的合作伙伴集成模型，因此不再需要安装和管理第三方代理软件。利用远程命令行脚本编写环境（如 vCLI 或 PowerCLI），可以自动执行日常任务。

 项目实施

任务 2-1　在 4 台服务器上安装并配置 VMware ESXi 7.0.2 虚拟化平台

扫一扫，看微课

▶ 任务规划

在物理服务器上安装 VMware ESXi 7.0.2，确保服务器硬件配置能够兼容所安装的 VMware ESXi 版本。

▶ 任务实施

（1）将 VMware ESXi 7.0.2 安装文件存储到 USB 启动盘内，进入服务器 BIOS 界面，如图 2-2 所示，选择服务器的启动项为 U 盘启动，如图 2-3 所示。

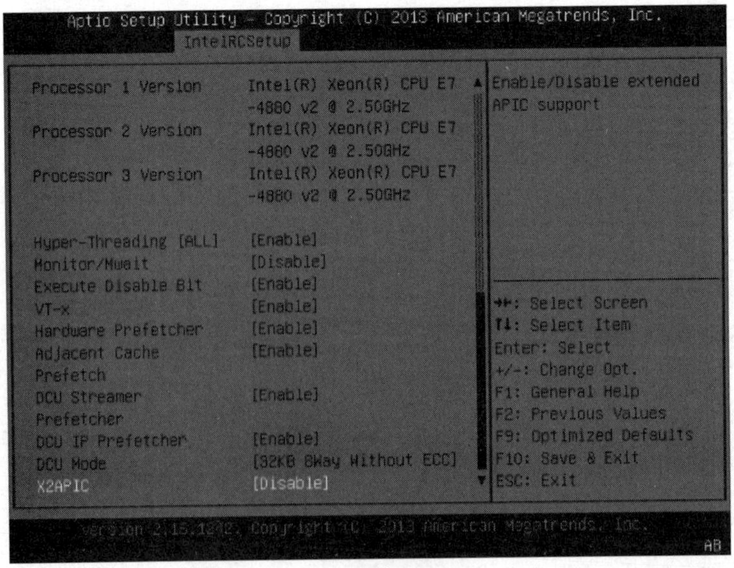

图 2-2　BIOS 界面

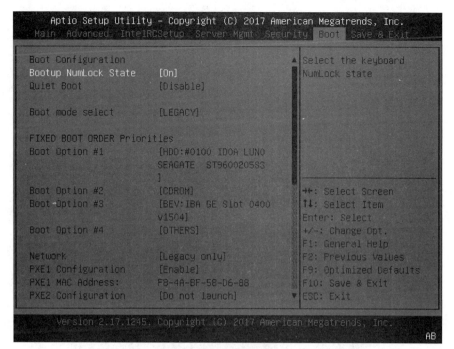

图 2-3　服务器启动项

（2）开始安装 VMware ESXi 7.0.2 虚拟化平台，如图 2-4 所示。

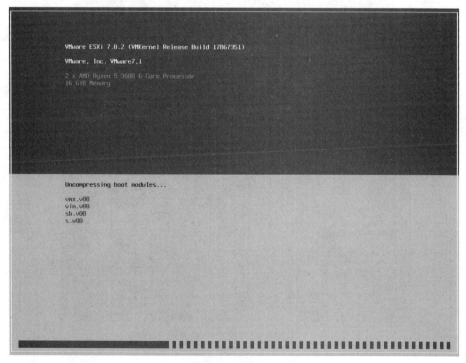

图 2-4　安装 ESXi 7.0.2 虚拟化平台

（3）经过一段时间的加载，弹出开始安装界面，按【Enter】键开始安装，如图 2-5 所示。

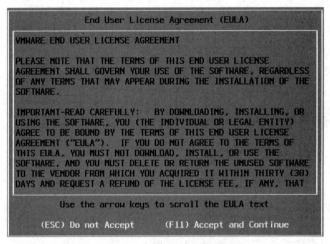

图 2-5　开始安装界面

（4）进入许可协议界面，按【F11】键接受许可协议，如图 2-6 所示。

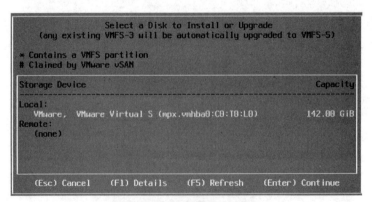

图 2-6　许可协议界面

（5）选择要安装的磁盘位置，保持默认配置，如图 2-7 所示，按【Enter】键，进入下一步操作。

图 2-7　选择磁盘位置界面

（6）选择键盘布局，保持默认的英文键盘布局，如图 2-8 所示，按【Enter】键进入下一步操作。

图 2-8　选择键盘布局

（7）设置 VMware ESXi 主机密码（密码为：Jan16@123），默认使用 root 用户进行登录，如图 2-9 所示，按【Enter】键进入下一步操作。

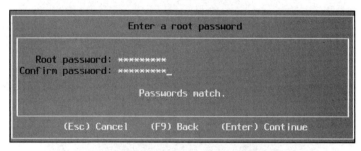

图 2-9　设置 VMware ESXi 主机密码

（8）按【F11】键，开始正式安装 VMware ESXi，如图 2-10 所示。

图 2-10　开始正式安装 VMware ESXi

（9）VMware ESXi 安装完成之后，需要拔出安装介质，通过键盘方向键选择【Remove the installation media before rebooting】选项，如图 2-11 所示，随后按【Enter】键重启 VMware ESXi 服务器。

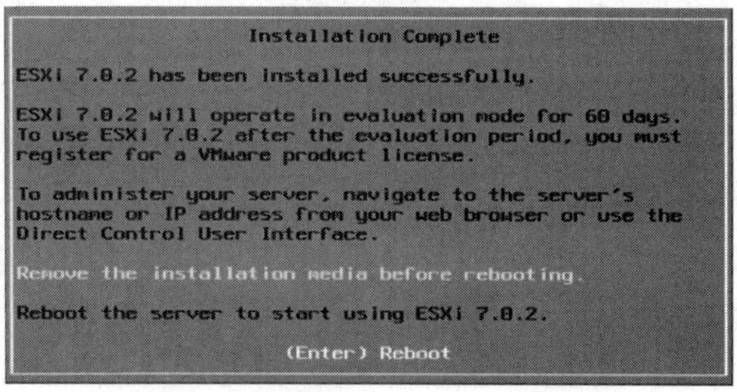

图 2-11　重启 VMware ESXi 服务器

（10）重启 VMware ESXi 服务器之后，进入 VMware ESXi 主界面，如图 2-12 所示。

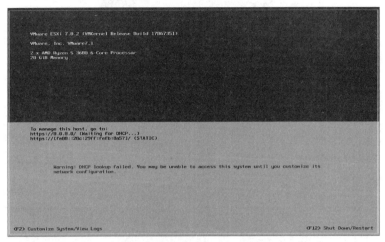

图 2-12　VMware ESXi 主界面

（11）在主界面中按【F2】键，并在弹出的页面中，输入配置的用户名【root】、密码
【Jan16@123】，登录系统进行初始化配置，如图 2-13 所示。

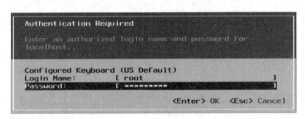

图 2-13　输入系统用户名和密码

（12）通过键盘方向键选择【Configure Management Network】（配置管理网络）选项，
如图 2-14 所示，随后按【Enter】键。

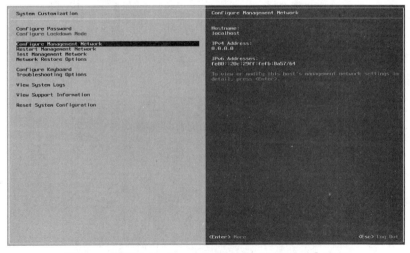

图 2-14　选择【Configure Management Network】选项

（13）选择【IPv4 Configuration】选项，如图 2-15 所示，按【Enter】键进入下一步操作。

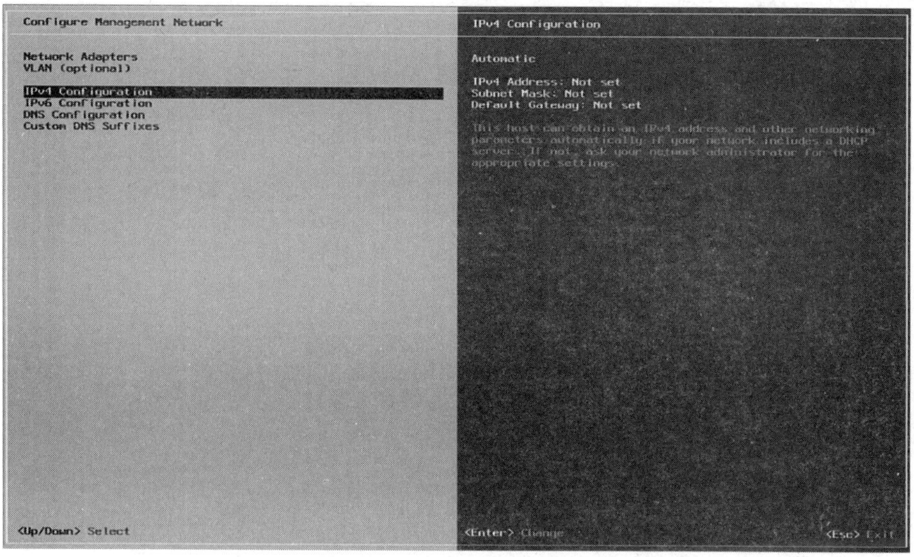

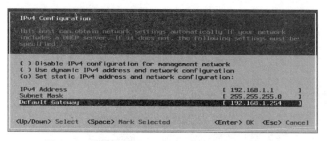

图 2-15　选择【IPv4 Configuration】选项

（14）按【空格】键选择【（o）Set static IPv4 address and network configuration】（设置静态 IP 地址），手动配置 IPv4 地址为【192.168.1.1】，子网掩码为【255.255.255.0】，网关地址为【192.168.1.254】，如图 2-16 所示。

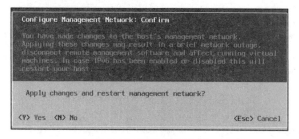

图 2-16　设置 VMware ESXi 主机静态 IP 地址

（15）设置完成后，按【Enter】键，随后按【Esc】键退出，弹出确认网络配置的提示，选择【Y】选项，代表确认修改，如图 2-17 所示。

图 2-17　确认网络配置

（16）按【Esc】键返回主界面，查看到用于管理 VMware ESXi 的 IP 地址为【192.168.1.1】，如图 2-18 所示。至此，VMware ESXi 服务器的安装和 IP 地址的配置全部完成。

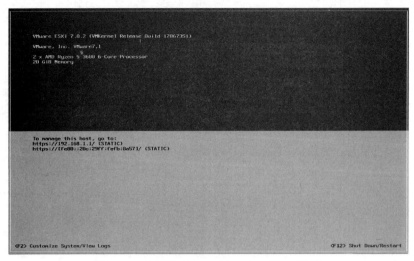

图 2-18　查看管理 VMware ESXi 的 IP 地址

（17）参照上述步骤，依次在另外三台服务器上安装 VMware ESXi 和配置 TCP/IP 信息。

► 任务验证

（1）在客户端上打开浏览器，在地址栏中输入 ESXi-1 服务器的 IP 地址（https://192.168.1.1）进行访问，弹出警告界面后，单击【高级】按钮，如图 2-19 所示。

图 2-19　打开浏览器访问 ESXi-1 服务器

（2）单击【继续访问 192.168.1.1（不安全）】链接，如图 2-20 所示。

图 2-20　跳过证书认证

（3）在弹出的登录界面中输入登录 ESXi-1 服务器的用户名【root】和密码【Jan16@ 123】，如图 2-21 所示。

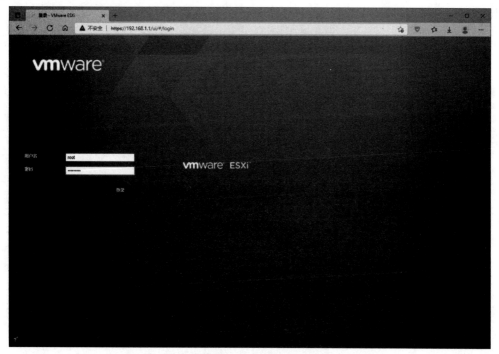

图 2-21　输入登录 ESXi-1 服务器的用户名和密码

（4）成功登录 ESXi-1 服务器，其主机界面如图 2-22 所示。

图 2-22　ESXi-1 服务器主机界面

（5）其余三台服务器的主机界面，分别如图 2-23、图 2-24 和图 2-25 所示。

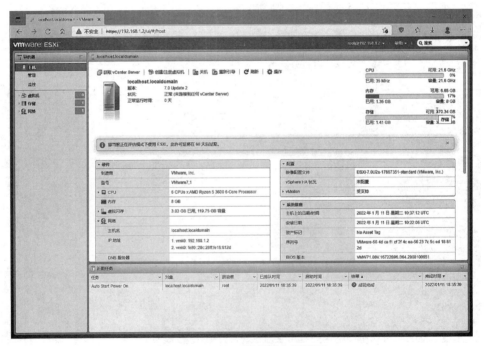

图 2-23　ESXi-2 服务器主机界面

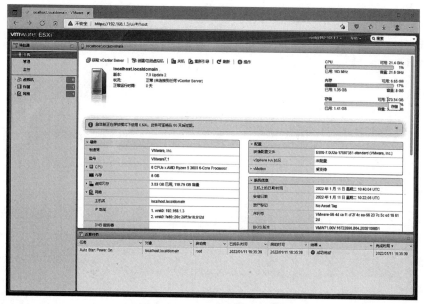

图 2-24　ESXi-3 服务器主机界面

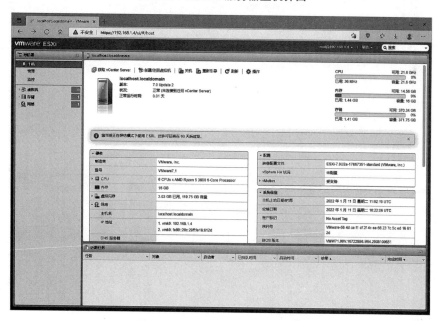

图 2-25　ESXi-4 服务器主机界面

任务 2-2　管理 VMware ESXi 虚拟化平台

▶ **任务规划**

扫一扫，看微课

在客户端的浏览器中输入 VMware ESXi 服务器的 IP 地址，登录 VMware ESXi 服务器的管理平台，将客户端上的 Windows Server 2012 操作系统安装文件上传至 VMware ESXi 服务器本地存储的目录中，然后新建虚拟机，并在新建的虚拟机中安装操作系统。

▶ 任务实施

（1）在 VMware ESXi 虚拟化平台管理界面左侧【导航器】列表中单击【存储】选项，然后在右侧窗口内选择【数据存储浏览器】按钮，如图 2-26 所示；在弹出的【数据存储浏览器】界面中单击【创建目录】按钮，如图 2-27 所示。

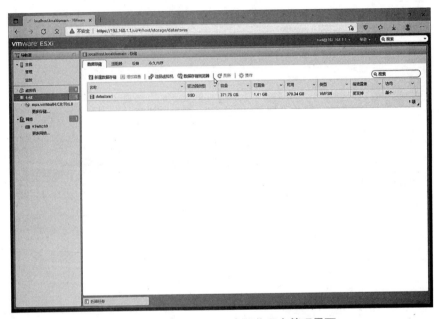

图 2-26　VMware ESXi 虚拟化平台管理界面

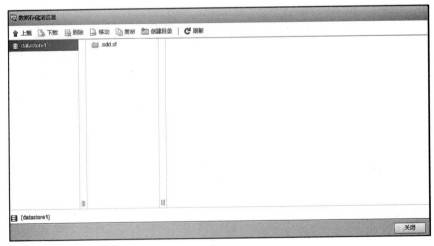

图 2-27　【数据存储浏览器】界面

（2）在【新建目录】界面中输入目录名称【SOFT】，完成后单击【创建目录】按钮，如图 2-28 所示。

图 2-28　设置目录名称

（3）目录创建完成后单击【上载】按钮，将客户端中的操作系统安装文件上传到 VMware ESXi 服务器上，如图 2-29 所示。

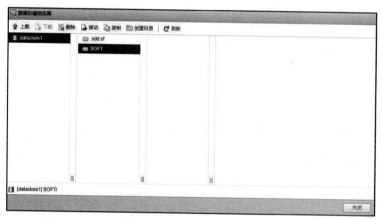

图 2-29　上传操作系统安装文件到 VMware ESXi 服务器上

（4）选择 Windows Server 2012 安装文件进行上传，如图 2-30 所示。

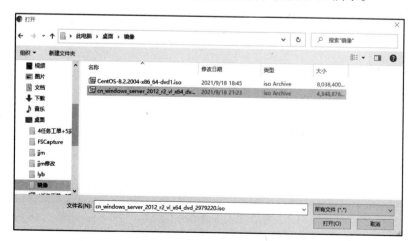

图 2-30　选择文件进行上传

（5）文件上传成功，如图 2-31 所示。

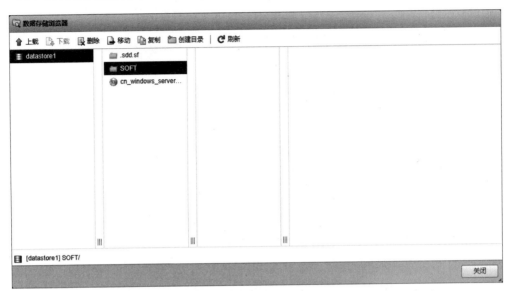

图 2-31　文件上传成功

（6）在 VMware ESXi 虚拟化平台管理界面左侧【导航器】列表中单击【虚拟机】选项，然后在右侧窗口中单击【创建/注册虚拟机】按钮，如图 2-32 所示。

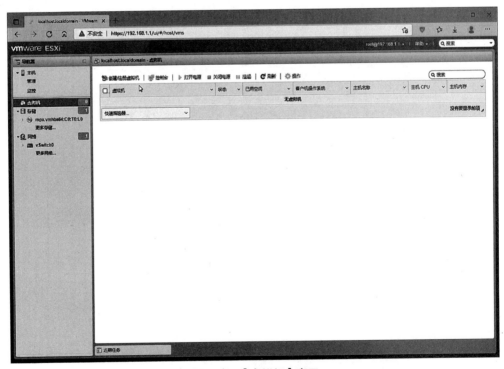

图 2-32　【虚拟机】窗口

（7）在【选择创建类型】界面中，按照默认设置，单击【下一页】按钮进行虚拟机安装操作，如图 2-33 所示。

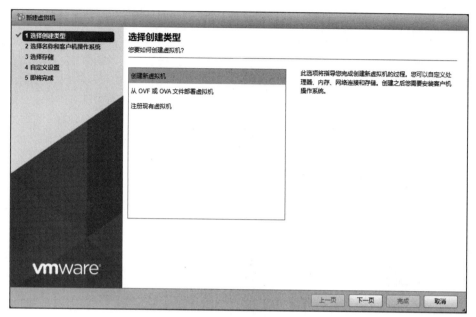

图 2-33 【选择创建类型】界面

（8）在【选择名称和客户机操作系统】界面中，填写虚拟机名称（此处为 win2012），【客户机操作系统系列】与【客户机操作系统版本】选择对应的选项，单击【下一页】按钮，如图 2-34 所示。

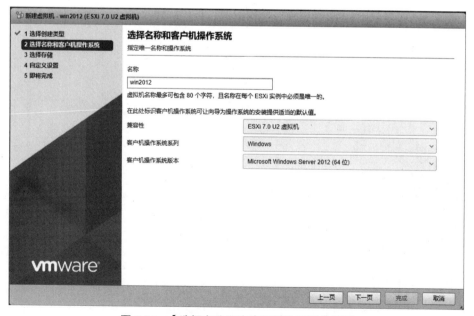

图 2-34 【选择名称和客户机操作系统】界面

（9）在【选择存储】界面中，选择本地磁盘【datastore1（1）】，单击【下一页】按钮，如图 2-35 所示。

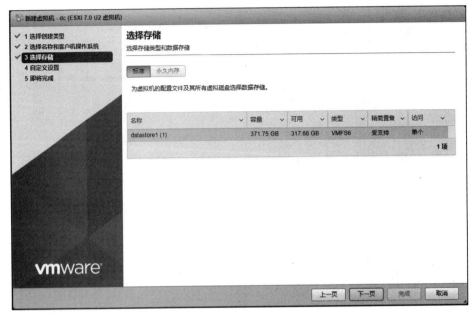

图 2-35　【选择存储】界面

（10）在【自定义设置】界面中，对 CPU、内存、硬盘等参数进行设置。随后单击【CD/DVD 驱动器 1】选项，在其下拉列表中选择【数据存储 ISO 文件】，并单击【浏览】按钮选择在步骤（4）中上传的安装文件，单击【完成】按钮，如图 2-36 所示。

图 2-36　【自定义设置】界面

（11）打开虚拟机电源，给虚拟机安装操作系统，如图 2-37 所示。

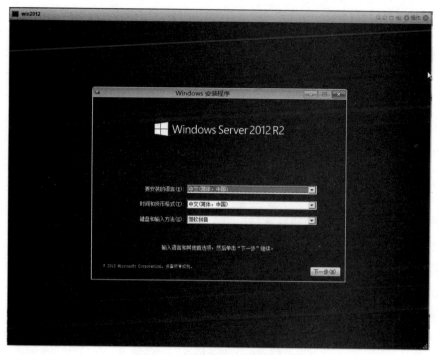

图 2-37　给虚拟机安装操作系统

▶ 任务验证

新建虚拟机操作完成，如图 2-38 所示。

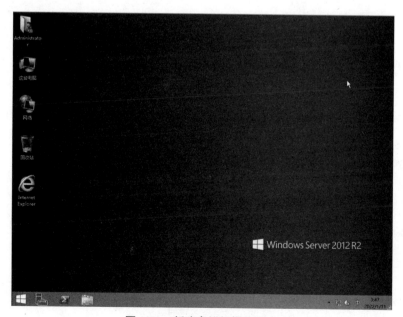

图 2-38　新建虚拟机操作完成

课 后 练 习 题

选择题

1. VMware ESXi 最高支持多少个虚拟 CPU？（　　　）

A. 32 　　　　　　　　B. 64 　　　　　　　　C. 128 　　　　　　　　D. 256

2. 以下哪些是 VMware ESXi 的优势？（　　　）

A. 整合硬件，以实现更高的容量利用率

B. 通过集中管理功能精简 IT 管理

C. 降低运营成本

D. 提升性能，以获得竞争优势

3. 集群技术适用于以下哪个场合？（　　　）

A. 大规模计算如基因数据的分析、气象预报、石油勘探等需要极高的计算能力

B. 应用规模的发展使单个服务器难以承担负载

C. 不断增长的需求需要硬件有灵活的可扩展性

D. 关键性的业务需要可靠的容错机制

4. vSphere 可以解决的管理难题是什么？（　　　）

A. 遗留应用可以在新硬件上运行

B. 流程会自动更新

C. 可以消除变更管理流程

D. 可以远程协助

5. 安装 VMware ESXi 服务器的前提条件错误的是（　　　）。

A. 不开启 BIOS　　　　　　　　　　　　B. 系统已安装 VMware Workstation

C. 开启 BIOS　　　　　　　　　　　　　D. CPU 支持虚拟化

6. VMware ESXi 属于以下哪种虚拟化类型？（　　　）

A. 支持虚拟化　　　　　　　　　　　　B. 裸金属虚拟化

C. 混合虚拟化　　　　　　　　　　　　D. 操作系统虚拟化

7. 管理员进行交互式安装 VMware ESXi 时，有哪些安装方式。（　　　）

A. DVD　　　　　　　　　　　　　　　B. USB

C. PXE（预启动执行环境）　　　　　　　D. Scripted（JavaScript 代码编辑器）

8. 一台刚安装完 VMware ESXi 的主机无法进行 SSH 连接，但能够 Ping 通，请问以下哪些操作需要管理员去尝试?（　　　）

A. 使 VMware ESXi 上 root 用户具有远程登录权限

B. 打开 VMware ESXi 主机上的 SSH 端口

C. 启动 VMware ESXi 主机上的 SSH 服务

D. 新建一个具有远程登录权限的普通用户

9. 以下哪两项是从 VMware ESXi 主机上删除 VMFS 存储的后果？（　　　）

A. 所有主机都不能访问该存储　　　　　　B. 在存储中的所有虚拟机都被删除

C. 存储中的虚拟机都还存在　　　　　　　D. 只有在特定主机上不能访问该存储

项目 3　基于 iSCSI 存储服务器的搭建

 项目学习目标

（1）了解存储的概念和术语。

（2）了解 iSCSI 的架构。

（3）了解 iSCSI 系统的组成。

（4）了解 Openfiler 的功能特点。

 项目描述

Jan16 工程师小莫发现公司向虚拟化架构转型的过程中，存储设备是较重要的设备之一。只有合理规划和配置共享存储，才能实现 vSphere 的高级特性，如 vMotion（迁移）、DRS（分布式资源调度）、HA（高可用）等功能。经过规划，小莫决定使用 Openfiler 和 CentOS 系统搭建 iSCSI 共享存储，组建共享存储资源池，供 ESXi 服务器使用。共享存储资源池的拓扑如图 3-1 所示。

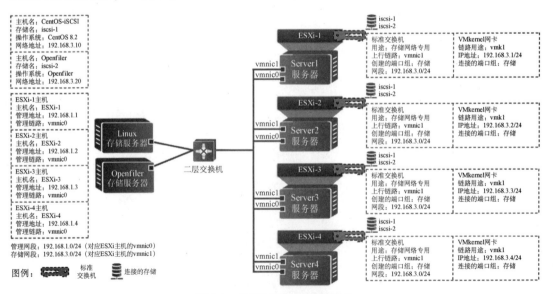

图 3-1　共享存储资源池的拓扑

公司采购了两台新的服务器，一台安装 Openfiler 系统，另外一台安装 CentOS 系统（属于 Linux 系统中的一种），并使用这两台服务器搭建基于 iSCSI 的共享存储。两台存储服务器的 IP 地址、硬件参数和 iSCSI 参数如表 3-1 所示。

表 3-1　服务器 IP 地址与硬件参数配置

主机名	IP 地址	磁盘容量	iSCSI 限定名称（iqn）	iSCSI 大小
CentOS-iSCSI	192.168.3.10	2TB	iqn.2021-11.com.jan16：CentOS	500GB（实际为 400GB 左右）
Openfiler	192.168.3.20	1.5TB	iqn.2021-11.com.jan16：Openfiler	500GB（实际为 400GB 左右）

为更加安全地使用 iSCSI 协议进行存储，公司要求小莫使用 CHAP 认证协议（质询握手身份验证协议）。CHAP 账户信息如表 3-2 所示。

表 3-2　CHAP 账户信息

名　称	密　钥
openfiler	Jan16@123

项目分析

在本项目中，小莫在两台存储服务器上分别安装 Openfiler 系统和 CentOS 系统来搭建两种共享存储。从 Openfiler 的官网可以直接下载 Openfiler 最新版本的 ISO 镜像文件。本项目将执行以下 3 个任务：

（1）创建服务器区域的 iSCSI 网络存储（Openfiler）；

（2）创建云桌面区域的 iSCSI 网络存储（CentOS）；

（3）在 ESXi 服务器上挂载网络共享存储。

相关知识

互联网小型计算机系统接口（Internet Small Computer System Interface，简称 iSCSI）是一种在互联网上，特别是在以太网上进行数据块传输的标准，它是一种基于 IP Storage（IP 存储）理论的新型存储技术，该技术是将存储行业广泛应用的 SCSI（小型计算机系统接口）技术与 IP 网络技术相结合，可以在 IP 网络上构建 SAN 存储区域网。简单地说，iSCSI 就是在 IP 网络上运行 SCSI 协议的一种网络存储技术。

3.1　存储的相关概念和术语

1. SCSI：小型计算机系统接口（Small Computer System Interface）

SCSI 一般用于一个输入/输出接口（硬盘、光盘等接口）。

2. DAS：**直连式存储**（Direct-Attached Storage）

优点：直接连接存储，效率高。存储设备通过 SCSI 或者通过光纤通道直接连接到某台计算机上，一般当服务器在地理位置上比较分散或者很难通过远程连接互访的时候，可以通过 DAS 进行存储和共享。

缺点：扩展不佳，只能通过与它连接的主机进行访问，同时也会占用服务器的一些资源，如 CPU、I/O，数据量越大，占用资源也就越多。

3. NAS：**网络接入存储**（Network-Attached Storage）

NAS 通过网络交换机连接存储系统和相关的服务器，再去建立一个专门的数据存储区域的私有网络。用户就可以通过 TCP/IP 访问数据。它的共享是通过 NFS、FTP、SAMBA、HTTP、CFS 等协议来实现文件系统级的共享。NAS 特别适用于在企业里有大量文件需要共享的情况。

缺点：所有的共享与访问都是通过网络连接的方式来实现的，当网络出现拥堵的情况时会对传输产生影响。并发大，数据量大，容易出现瓶颈。

4. SAN：**存储区域网络**（Storage Area Network）

存储区域网络（SAN）是一种在服务器和存储服务器之间实现高速可靠访问的存储网络。

存储服务器基于 SCSI 协议将卷上的一个存储区块租赁给服务器，服务器通过 SCSI 客户端将这个存储区块识别为一个本地硬盘，然后初始化该硬盘后即可用于存取数据。

SCSI 的主要功能是在主机和存储设备之间传送命令、状态和块数据。SAN 基于 SCSI 提供两种磁盘服务：FC SAN 和 IP SAN。FC SAN 是基于光纤的存储网络服务，IP SAN 是基于 TCP/IP 协议的存储网络服务。

5. FC SAN：**光纤通道**（Fiber Channel）

在 SAN 网络中，所有的数据传输需要在高速、高带宽的网络中进行，而 FC 技术因能提供优质的传输带宽被广泛应用于 SAN。FC SAN 需要购置专门的 FC 光纤通道卡、FC SAN 光纤交换机等设备，成本较高，这种服务可以在服务器和存储之间提供快速、高效、可靠传输的块级存储访问，被广泛应用于中高端存储网络中，但由于服务器和存储之间需要采用专门的光纤链路连接，因此连接距离较短。

3.2　IP SAN 与 iSCSI

当多数企业由于 FC SAN 的成本高而对 SAN 敬而远之时，iSCSI 技术的出现，则推动了 IP SAN 在企业中的应用。大多数中小企业都以 TCP/IP 协议为基础搭建了网络环境，iSCSI 可以在 IP 网络上实现 SCSI 的功能，允许用户通过 TCP/IP 网络构建存储区域网络，为众多要求经济合理和便于管理的中小企业的存储设备提供了直接访问的服务。

由此可见，IP SAN 实际上就是使用 IP 协议将服务器与存储设备连接起来的技术，基于 IP 网络实现数据块级别的存储。

在 IP SAN 的标准中，除了已获通过的 iSCSI，还有 FCIP（基于 TCP/IP 的光纤通道）、iFCP（互联网光纤通道协议）等。其中，iSCSI 的发展是最快的，它已经成为 IP 存储技术的一个典型代表。基于 iSCSI 的 SAN 的目的就是要在本地 iSCSI 导向器（Initiator）和 iSCSI 目标（Target）之间建立 SAN。iSCSI 的两个组件如下。

目标（Target，服务端）：存储设备上的 iSCSI 服务，用于转换 TCP/IP 包中的 SCSI 命令和数据，服务端的端口号默认为 3260。

发起方（Initiator，客户端）：iSCSI 客户端软件，一般安装在应用服务器上，它接收应用层的 SCSI 请求，并将 SCSI 命令和数据封装到 TCP/IP 包中并发送到 IP 网络中。

3.3　Openfiler 简介

Openfiler 是一个基于浏览器的免费网络存储管理实用程序，由 rPath Linux 发行版本驱动，可以在单一框架中提供基于文件的网络接入存储和基于块的存储区域网络，支持 CIFS（通用网络文件系统）、NFS、HTTP/DAV（基于 HTTP 协议的通信协议）和 FTP 协议。

3.4　Openfiler 的优点

整个软件包与开放源代码应用程序（如 Apache、Samba、LVM2、ext3、Linux NFS 和 iSCSI Enterprise Target）连接。Openfiler 将这些随处可见的技术组合到一个易于使用的小型管理解决方案中，该解决方案通过一个基于 Web 且功能强大的管理界面实现。

Openfiler 的主要优点如下。

可靠性：Openfiler 可以支持软件和硬件的 RAID（磁盘阵列），能监测和预警，并且可以创建卷的快照和实现快速恢复。

高可用性：Openfiler 支持主动或被动的高可用性集群、多路径存储（MPIO）、块级别的复制。

更新及时：及时更新的 Linux 内核支持最新的 CPU、网络和存储硬件。

可伸缩性：文件系统可扩展性最高能超过 60TB，并能使文件系统大小在线扩展。

 项目实施

任务 3-1　创建服务器区域的 iSCSI 网络存储（Openfiler）

扫一扫，看微课

▶ 任务规划

安装 Openfiler 操作系统，配置 Openfiler 服务，并根据项目规划要求搭建 iSCSI 服务。

▶ 任务实施

（1）进入 Openfiler 安装界面，单击【Enter】键进入下一步操作，如图 3-2 所示。

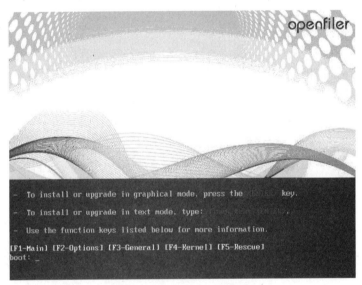

图 3-2　Openfiler 安装界面

（2）选择默认键盘布局【U.S.English】，单击【Next】按钮进入下一步操作，如图 3-3 所示。

（3）弹出初始化安全警告窗口，单击【Yes】按钮，如图 3-4 所示。

（4）勾选【sda】复选框，将 sda 硬盘作为系统安装位置，其他硬盘用于搭建 iSCSI 共享存储，随后单击【Next】按钮进入下一步操作，如图 3-5 所示。弹出分区安全警告窗口，单击【Yes】按钮，如图 3-6 所示。

（5）弹出网卡编辑界面，单击【Edit】按钮对网卡进行编辑，如图 3-7 所示，完成后单击【Next】按钮进入下一步操作。

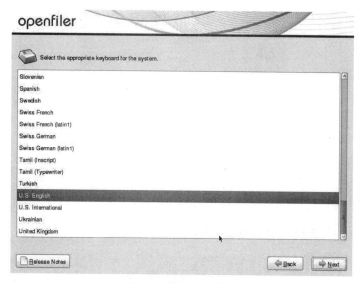

图 3-3　键盘布局界面

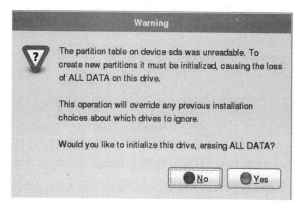

图 3-4　初始化安全警告窗口

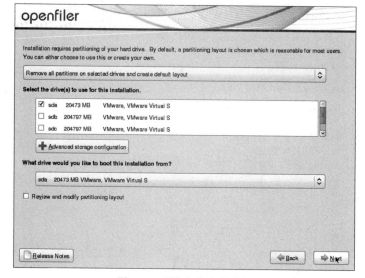

图 3-5　系统安装位置选择

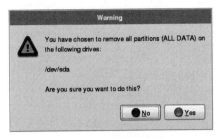

图 3-6　分区安全警告窗口

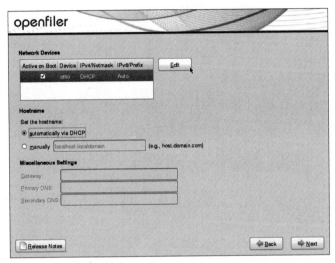

图 3-7　网卡编辑界面

（6）在【Enable IPv4 support】选区中，选择【Manual configuration】单选按钮，设置【IP Address】为【192.168.3.20】，【Prefix】为【24】，随后单击【OK】按钮进入下一步操作，如图 3-8 所示。

图 3-8　网卡 IP 地址配置界面

（7）返回至网卡编辑界面，单击【Next】按钮进入下一步操作，如图 3-9 所示。

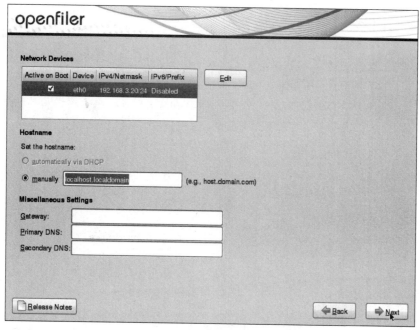

图 3-9　网卡编辑界面

（8）在时区选择界面，选择【Asia/Shanghai】（亚洲/上海）时区，随后单击【Next】按钮，如图 3-10 所示。

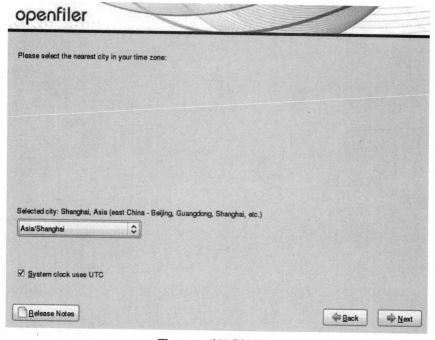

图 3-10　时区选择界面

（9）设置管理员账户 Root 的密码为【Jan16@123】，单击【Next】按钮，如图 3-11 所示。

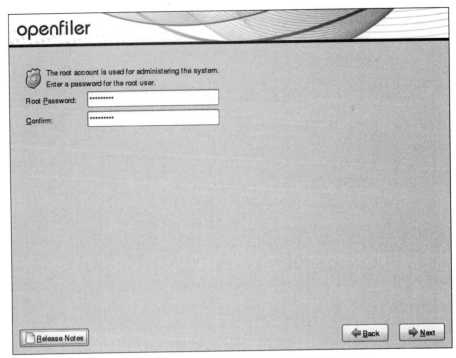

图 3-11　管理员 Root 账户的密码设置界面

（10）单击【Reboot】按钮，等待系统重启，如图 3-12 所示。

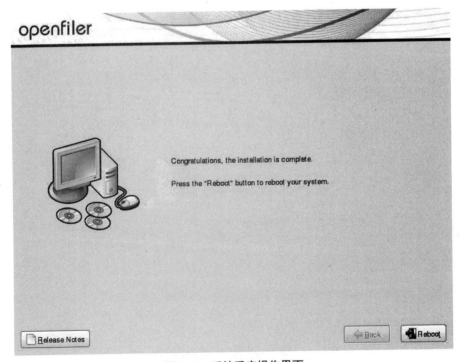

图 3-12　系统重启操作界面

（11）重启系统后进入 Openfiler 主界面，如图 3-13 所示。

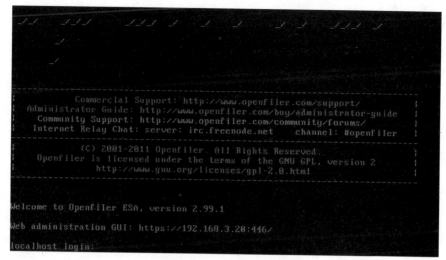

图 3-13　Openfiler 主界面

（12）使用客户端浏览器进入 Openfiler 管理地址【https://192.168.3.20:446】，输入默认账号【Openfiler】，默认密码【password】，然后单击【Log In】按钮登录服务器，如图 3-14 所示。

图 3-14　Openfiler 服务器登录界面

（13）成功登录 Openfiler 服务器后，可以看到 Openfiler 服务器配置界面如图 3-15 所示。

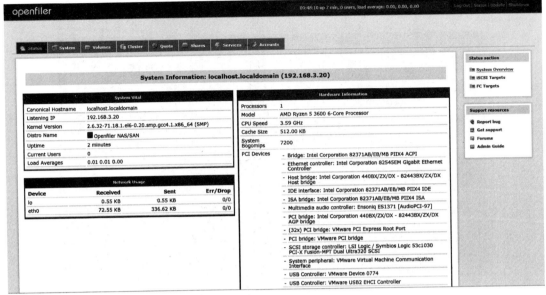

图 3-15　Openfiler 服务器配置界面

（14）进行 iSCSI 的配置，首先单击【Volumes】选项卡，随后单击【create new physical volumes】链接，如图 3-16 所示。

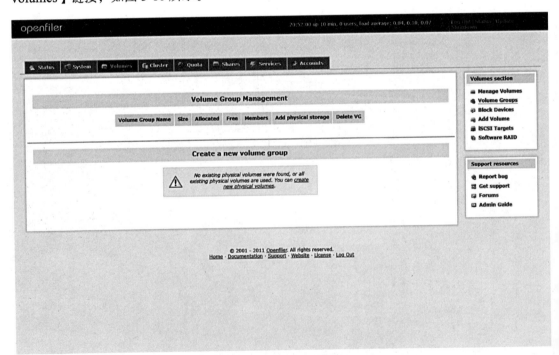

图 3-16　创建物理卷界面

（15）弹出磁盘列表，单击【/dev/sdc】选项进入磁盘参数的配置界面，如图 3-17 所示。

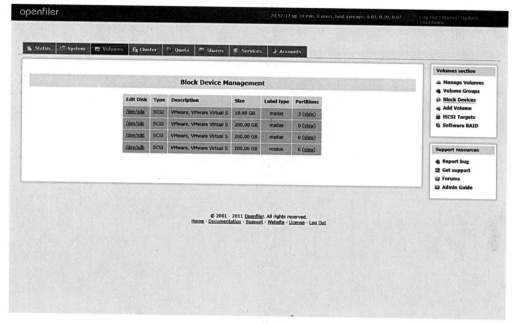

图 3-17　磁盘列表

（16）弹出磁盘参数的配置界面，在【Partition Type】下拉列表中选择【RAID array member】选项，将/dev/sdc 创建为磁盘阵列成员，如图 3-18 所示。

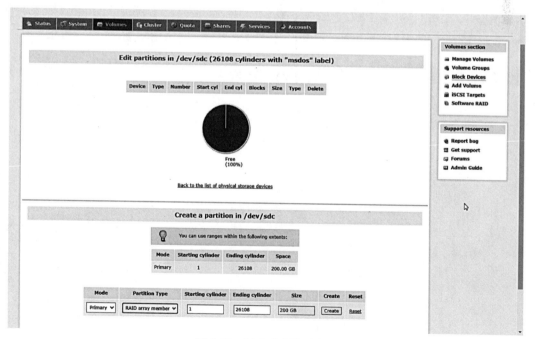

图 3-18　创建磁盘阵列成员

（17）参照步骤（15）～（16），将/dev/sdd 和/dev/sdb 也创建为磁盘阵列成员。创建完成的分区如图 3-19 所示。

基于 VMware vSphere 7.0 的虚拟化技术项目化教程

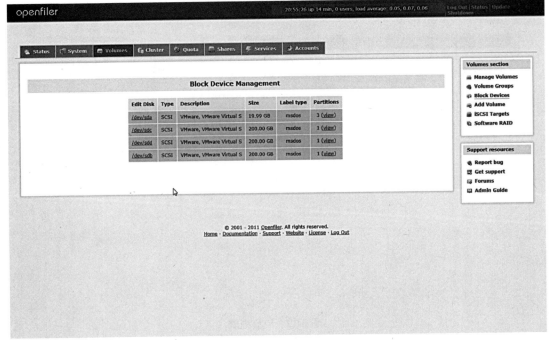

图 3-19　创建完成的分区

（18）在上一界面中单击右侧菜单栏中【Software RAID】选项开始创建 RAID 卷。在【Select RAID array type】下拉列表中选择【RAID-5（parity）】选项，并选中三块磁盘【/dev/sdc1】【/dev/sdd1】【/dev/sdb1】，随后单击【Add array】按钮，如图 3-20 所示。

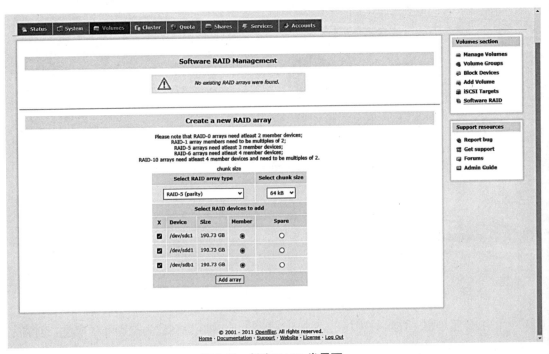

图 3-20　创建 RAID 卷界面

（19）磁盘阵列创建完成，如图 3-21 所示。

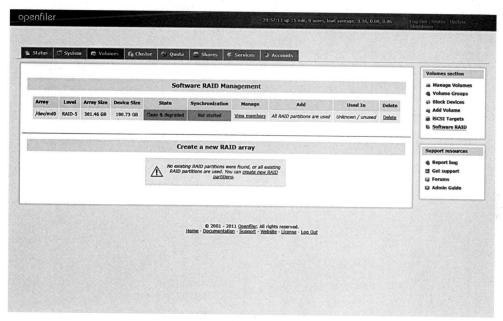

图 3-21　磁盘阵列创建完成界面

（20）在上一界面中单击右侧菜单栏中【Volume Groups】选项，然后选中物理卷
【/dev/md0】，单击【Add volume group】按钮增加一个新的卷组，如图 3-22 所示。

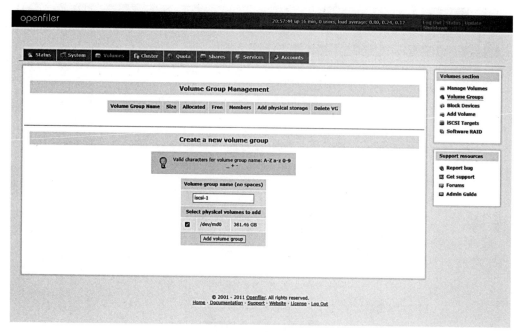

图 3-22　增加卷组界面

（21）创建完成的卷组名称为 iscsi-1，大小为 381.44GB，创建结果如图 3-23 所示。

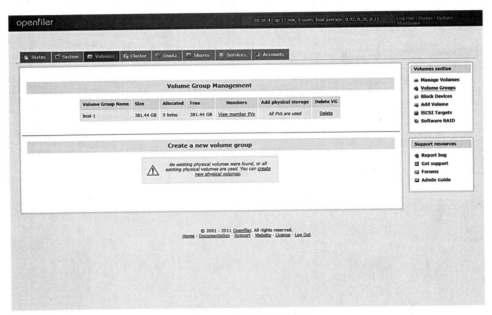

图 3-23　卷组显示界面

（22）在上一界面中单击右侧菜单栏中【Add Volume】选项，然后在【Select Volume Group】下拉列表中选择【iscsi-1】选项，单击【Change】按钮，如图 3-24 所示。

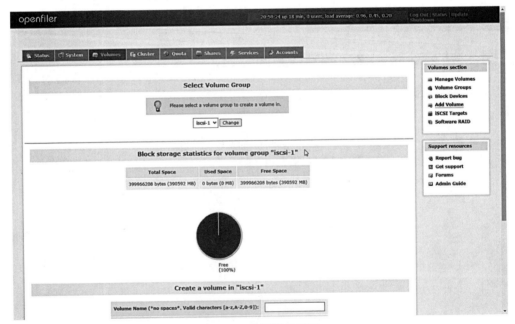

图 3-24　选择卷组界面

（23）在【Create a volume in "iscsi-1"】选区中填写相关信息：【Volume Name】为【iscsi-1】,【Required Space】为【390592】,【Filesystem/Volume type】为【block（iSCSI, FC, etc）】,

随后单击【Create】按钮，如图 3-25 所示。

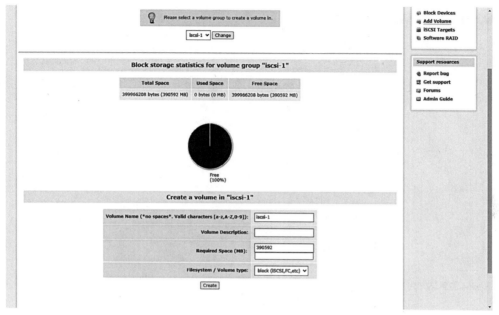

图 3-25　卷属性设置界面

（24）创建完成后可查看卷的详细信息，如图 3-26 所示。

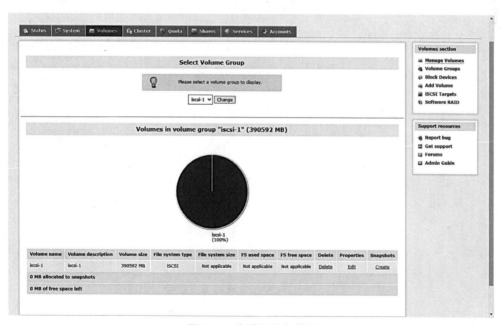

图 3-26　卷详细信息界面

（25）在上一界面中单击【Services】选项卡，查找到【iSCSI Target】服务，并单击【Enable】与【Start】选项开启服务，如图 3-27 所示，开启后效果如图 3-28 所示。

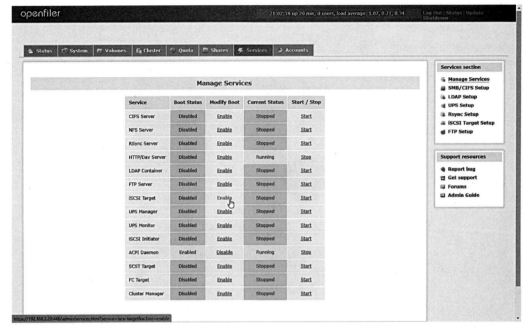

图 3-27　开启 iSCSI Target 服务

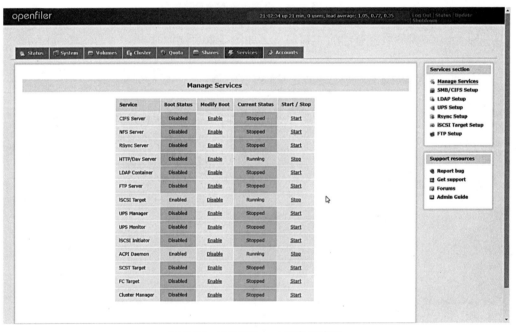

图 3-28　iSCSI Target 服务开启后

（26）在上一界面中单击右侧菜单栏中的【iSCSI Target Setup】选项，增加一个与 iSCSI 远程连接的 CHAP 用户。增加完用户后，设置一个命名为【openfiler】的 CHAP 用户，密码为【Jan16@123】，单击【Add】按钮，如图 3-29 所示。

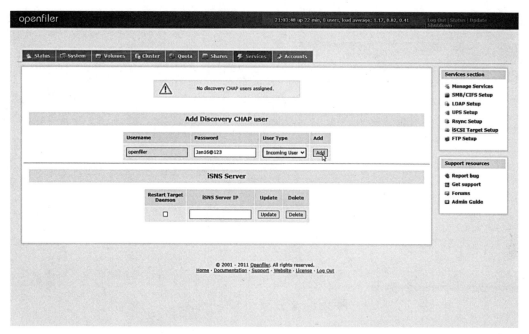

图 3-29　添加 iSCSI 远程连接 CHAP 用户

（27）在【Volumes】选项卡右侧菜单栏中单击【iSCSI Targets】选项，开始进行 iSCSI Target 添加。第一步，设置【Target Configuration】参数，【Target IQN】名称设置为【iqn.2021-11.com.jan16:openfiler】，如图 3-30 所示，单击【Add】按钮，iSCSI Target 添加完成如图 3-31 所示。

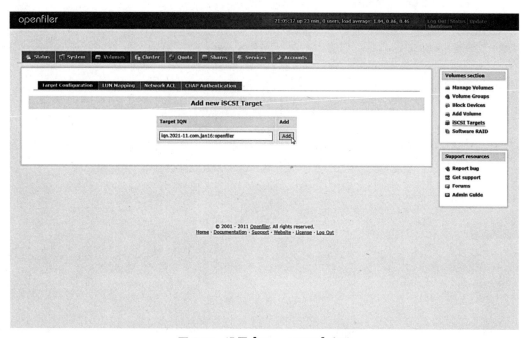

图 3-30　设置【Target IQN】名称

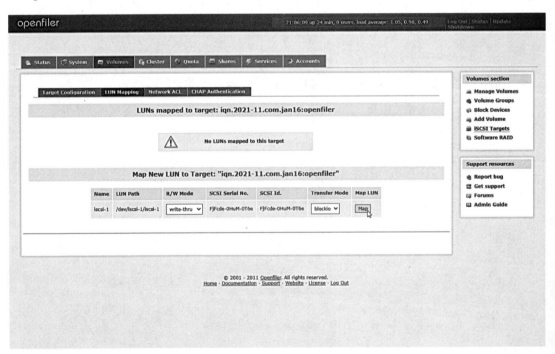

图 3-31　添加 iSCSI Target 完成

（28）第二步进行【LUN Mapping】参数配置。需要映射到之前创建的卷【iscsi-1】。【R/W Mode】选择【write-thru】模式，【Transfer Mode】选择【blockio】类型，随后单击【Map】按钮建立映射，如图 3-32 所示。

图 3-32　建立映射界面

（29）第三步配置【Network ACL】参数。配置 ACL 访问控制，单击【Network ACL】→【Local Networks】链接，如图 3-33 所示，开始配置存储的通行网络。

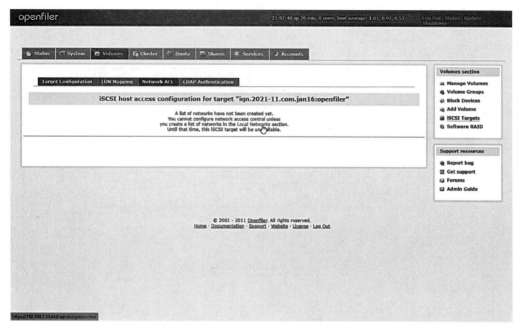

图 3-33　单击【Local Networks】

（30）界面跳转至【System】选项卡，配置可允许访问共享存储的网络，在【Network Access Configuration】选区中，在【Network/Host】文本框中填写【192.168.3.0】（可访问网段），【Netmask】设置为【255.255.255.0】，随后单击【Update】按钮，如图 3-34 所示。

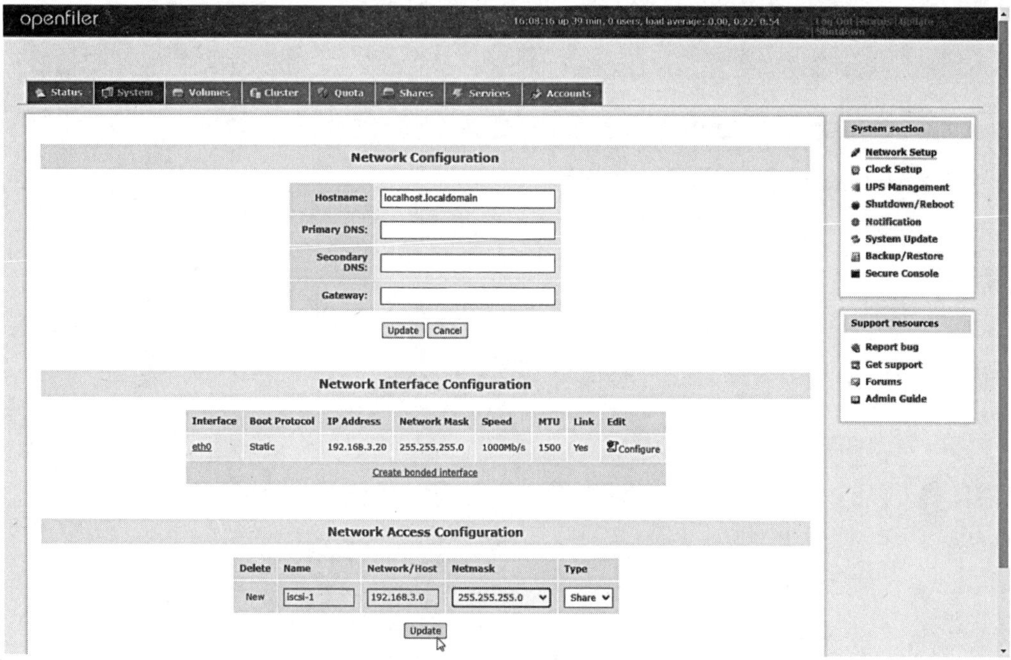

图 3-34　配置允许访问的子网

（31）单击【Volumes】选项卡，继续配置【Network ACL】参数，为上一个步骤中所设置的【iscsi-1】网段设置放行策略，在【Access】下拉列表中选择【Allow】选项，随后单击【Update】按钮，如图 3-35 所示。

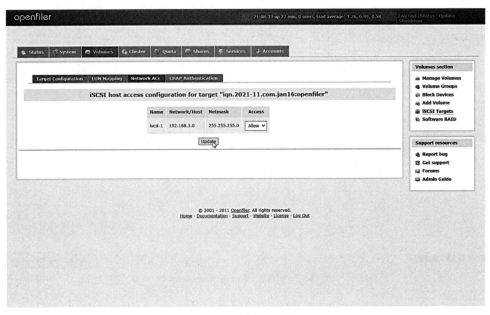

图 3-35　放行【iscsi-1】网段

（32）第四步配置【CHAP Authentication】参数，增加 CHAP 用户认证。填写用户名为【openfiler】，密码为【Jan16@123】，随后单击【Add】按钮，如图 3-36 所示。

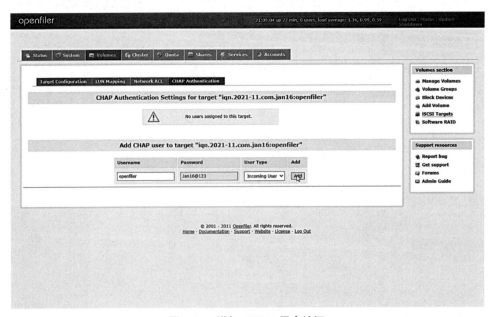

图 3-36　增加 CHAP 用户认证

（33）【iSCSI Targets】配置完成，如图 3-37 所示。

图 3-37　【iSCSI Targets】配置完成

任务 3-2　创建云桌面区域的 iSCSI 网络存储（Linux）

扫一扫，看微课

▶ 任务规划

在【Linux 存储服务器】中，使用 CentOS 操作系统，并根据项目规划需求搭建 iSCSI 服务。

▶ 任务实施

（1）使用 YUM 命令下载并安装 target 和 mdadm 软件安装包，命令如下：

```
[root@localhost ~]# yum -y install targetcli mdadm   //下载软件安装包
```

（2）启用 iSCSI 服务，命令如下：

```
[root@localhost ~]# systemctl enablestart target--now   //启动 targetcli 服
务，并设置开机自动启动该服务
```

（3）开放 iSCSI 传输端口，使用被动 Selinux 安全级别，命令如下：

```
[root@localhost ~]# firewall-cmd --permanent --add-port=3260/tcp   //开放
iSCSI 通信 systemctl stop firewalld
[root@localhost ~]# firewall-cmd --reload   //重载防火墙
[root@localhost ~]# vim /etc/sysconfig/selinux   //配置安全等级为被动
```

```
[root@localhost ~]# setenforce 0    //快速生效等级配置
```

（4）在【Linux 存储服务器】中使用磁盘 sdb、sdc、sdd 创建磁盘阵列，名称为 md0，创建完成后查看 RAID 阵列信息，命令如下：

```
[root@localhost ~]# mdadm -C -n 3 -l 5 -a yes /dev/md0 /dev/sd{b,c,d} #创建 RAID 5 卷
[root@localhost ~]# mdadm -D /dev/md0  #查看阵列详情
/dev/md0:
          Version : 1.2
    Creation Time : Mon Nov 11 20:13:14 2021
       Raid Level : raid5
       Array Size : 419166208 (399.75 GiB 429.23 GB)
    Used Dev Size : 209583104 (199.87 GiB 214.61 GB)
     Raid Devices : 3
    Total Devices : 3
      Persistence : Superblock is persistent

     Intent Bitmap : Internal

      Update Time : Mon Nov 11 20:16:16 2021
            State : clean, degraded, recovering
   Active Devices : 2
  Working Devices : 3
   Failed Devices : 0
    Spare Devices : 1

           Layout : left-symmetric
       Chunk Size : 512K

Consistency Policy : bitmap

   Rebuild Status : 0% complete

             Name : localhost.localdomain:0 (local to host localhost.localdomain)
             UUID : b73d9588:c262f53e:10eb4851:98e1d2ef
           Events : 2
    Number   Major   Minor   RaidDevice State
       0       8       16        0      active sync   /dev/sdb
       1       8       32        1      active sync   /dev/sdc
       3       8       48        2      spare rebuilding   /dev/sdd
```

（5）受制于 Linux LVM 的默认配置，不允许在/dev/md0 上创建物理卷，故需要在 /etc/lvm/lvm.conf 文件中添加【global_filter = ["a|/dev/md0|","r|.*/|"]】参数，以修改配置，命令如下：

```
[root@localhost ~]# vi /etc/lvm/lvm.conf

…以上内容省略…
        # Use global_filter to hide devices from these LVM system components.
        # The syntax is the same as devices/filter. Devices rejected by
        # global_filter are not opened by LVM.
        # This configuration option has an automatic default value.
        # global_filter = [ "a|.*|" ]

global_filter = ["a|/dev/md0|","r|.*/|"]    //允许在 md0 上创建物理卷，以防重启丢配置

        # Configuration option devices/types.
        # List of additional acceptable block device types.
        # These are of device type names from /proc/devices, followed by
        # the maximum number of partitions.
…以下内容省略…
```

（6）依次创建物理卷（md0）、卷组（vg01）、逻辑卷（lv01），命令如下：

```
[root@localhost ~]# pvcreate /dev/md0    //创建物理卷
[root@localhost ~]# vgcreate vg01 /dev/md0    //创建卷组
[root@localhost ~]# lvcreate -l 100%FREE -n lv01 vg01    //创建逻辑卷
```

（7）使用 targetcli 命令创建 iSCSI 并配置其参数，命令如下：

```
[root@localhost ~]# targetcli    //输入 targetcli 交互式配置 iSCSI
/>backstores/block create iscsi2 /dev/mapper/vg01-lv01    //创建一个 Block 类型、名为 iscsi2 的存储
/>iscsi/ create iqn.2021-11.com.jan16.centos    //创建 IQN
/>iscsi/iqn.2021-11.com.jan16:centos/tpg1/acls create <ESXI 主机的 IQN>    //将 ESXi 主机的 IQN 添加到 ACL 中
/>iscsi/iqn.2021-11.com.jan16:centos/tpg1/luns create /backstores/block/iscsi2    //创建 LUN
/>iscsi/iqn.2021-11.com.jan16.centos/tpg1/portals/ delete 0.0.0.0 3260    //默认服务地址与端口
/>iscsi/iqn.2021-11.com.jan16.centos/tpg1/portals/ create 192.168.3.10 3260    //配置 iSCSI 服务地址与端口
/>exit    //配置结束，退出时会自动保存参数
```

任务 3-3　在 ESXi 服务器上挂载网络共享存储

▶ 任务规划

为每台需要连接 iSCSI 存储的 ESXi 主机新建【存储网络专用】的标准交换机以及专用于【存储网络】的 VMkernel 网卡，并配置、挂载好 iSCSI 共享存储。

▶ 任务实施

（1）以 ESXi-1 主机为例，在 ESXi-1 主机的管理界面中，单击【网络】→【虚拟交换机】→【添加标准虚拟交换机】按钮，如图 3-38 所示。

图 3-38　【虚拟交换机】选项卡

（2）在【添加标准虚拟交换机-存储网络专用】界面中设置【vSwitch 名称】为【存储网络专用】，选择【上行链路 1】为【vmnic1-启动，10000 mbps】，随后单击【添加】按钮，如图 3-39 所示。

图 3-39　设置标准虚拟交换机参数

（3）在【VMkernel 网卡】选项卡下，单击【添加 VMkernel 网卡】按钮，如图 3-40
所示。

图 3-40　【VMkernel 网卡】选项卡

（4）在【添加 VMkernel 网卡】界面中，设置【端口组】为【新建端口组】，将【新建
端口组】命名为【存储网络】，【虚拟交换机】选择【存储网络专用】，【IPv4 设置】为静态
IP 地址【192.168.3.1】（此为 ESXi-1 主机专用 iSCSI 网卡的 IP 地址，其他主机依据拓扑规
划进行修改），其他配置采用默认方式，单击【创建】按钮，如图 3-41 所示。

图 3-41　【添加 VMkernel 网卡】界面

（5）创建标准虚拟交换机完成，如图 3-42 所示。

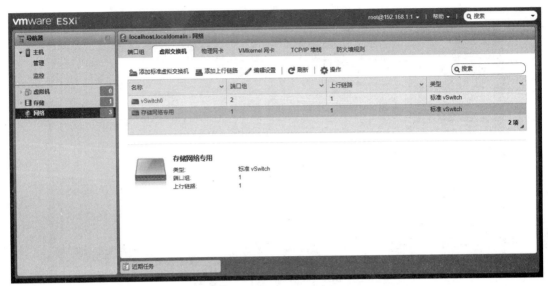

图 3-42　存储专用标准虚拟交换机拓扑

（6）在浏览器内打开 ESXi-1 主机的管理界面，单击【存储】→【适配器】→【软件 iSCSI】图标，如图 3-43 所示。

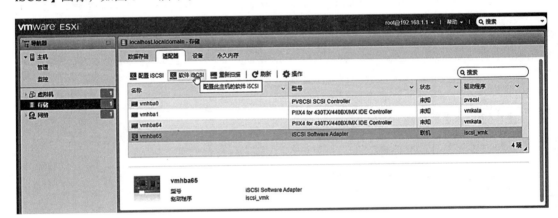

图 3-43　配置 iSCSI

（7）进入【配置 iSCSI-vmhba65】界面，【CHAP 身份验证】选择【不使用 CHAP，除非目标需要】，将【名称】设置为【openfiler】，【密钥】设置为【Jan16@123】，随后添加【网络端口绑定】: vmk1 网卡，【端口组】为【存储】，【IPv4 地址】为【192.168.3.1】。再添加【动态目标】分别为【192.168.3.10】与【192.168.3.20】，【端口】都为【3260】。随后，选中【192.168.3.10】并单击【编辑设置】按钮，如图 3-44 所示。

（8）由于 IP 地址为【192.168.3.10】的 iSCSI 服务并没配置 CHAP 认证，所以此处需要取消 CHAP 身份验证。在【CHAP 身份验证】下拉列表中选择【使用 CHAP，除非已被目标禁止】选项，完成后单击【保存】按钮，如图 3-45 所示。最后在【配置 iSCSI-vmhba65】界面中单击【保存配置】按钮。

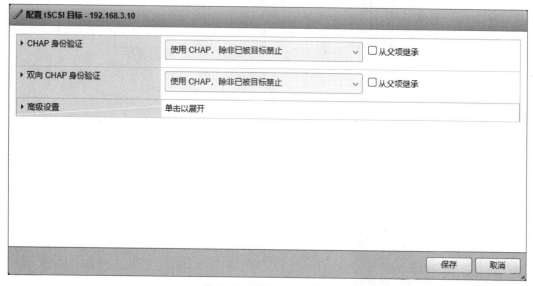

图 3-44　【配置 iSCSI-vmhba65】界面

图 3-45　配置 iSCSI 目标

（9）在 ESXi-1 主机的管理界面中单击【存储】→【设备】选项卡，可以看见两个新添加的 iSCSI 设备。单击【新建数据存储】图标，进行数据存储的分区操作，如图 3-46 所示。

图 3-46　【存储】选项卡

（10）在弹出的【新建数据存储-iscsi-1】界面中，在名称中输入【iscsi-1】，单击【下一页】按钮，进行下一步操作，如图 3-47 所示。

图 3-47　设置数据存储名称

（11）选择设备，如图 3-48 所示。

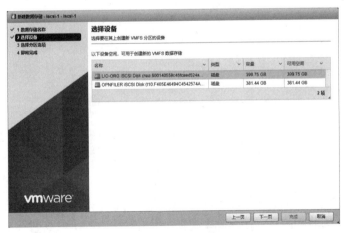

图 3-48　选择设备

（12）在【选择分区选项】界面中选择【使用全部磁盘】选项，磁盘格式为【VMFS 6】，单击【下一页】按钮，如图 3-49 所示。

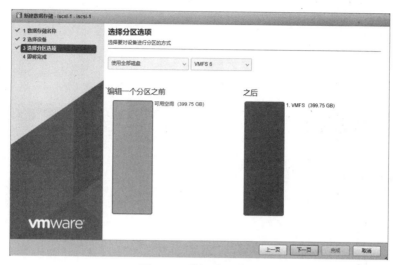

图 3-49　选择分区选项

（13）检查配置无误后单击【完成】按钮，如图 3-50 所示。弹出安全警告窗口，单击【是】按钮，如图 3-51 所示。

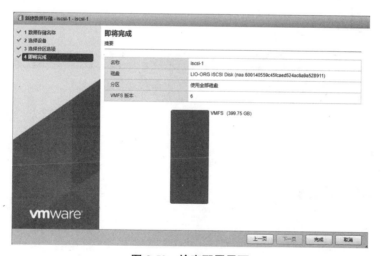

图 3-50　检查配置界面

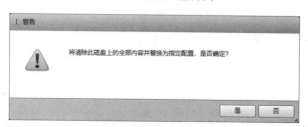

图 3-51　安全警告窗口

（14）参照上述步骤，对第二块设备（OPENFILER iSCSI Disk）执行相同的操作，同时为所有需要连接共享存储的主机进行配置。

▶ 任务验证

（1）查看添加的共享数据存储，如图 3-52 所示。

图 3-52　查看添加的共享数据存储

（2）向其中一个共享存储（iscsi-1）写入测试文件，显示可以正常写入，如图 3-53 所示。

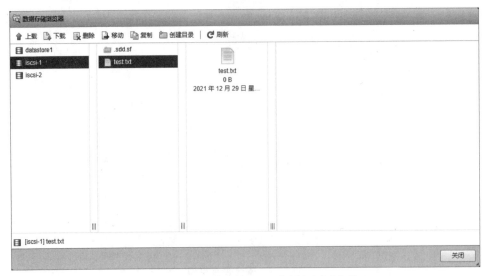

图 3-53　向共享存储（iscsi-1）写入测试文件

课 后 练 习 题

选择题

1. 不具备扩展性的存储架构有（　　　）。

A. DAS　　　　　　　　B. NAS　　　　　　　　C. SAN　　　　　　　　D. IP SAN

2. RAID 5 级别的 RAID 组的磁盘利用率为（　　　）。

A. 1/N（N：镜像盘个数）　　　　　　　　B. 100%

C. （N–1）/N（N：镜像盘个数）　　　　　D. 1/2

3. 对于 E-mail 或 DB 应用，以下哪个 RAID 级别是不推荐的？（　　　）

A. RAID 10　　　　　　B. RAID 6　　　　　　　C. RAID 5　　　　　　　D. RAID 0

4. 具备最佳读写性能的 RAID 级别是（　　　）。

A. RAID 1　　　　　　B. RAID 3　　　　　　　C. RAID 0　　　　　　　D. RAID 5

5. 存储网络的类别包括（　　　）。

A. DAS　　　　　　　　B. NAS　　　　　　　　C. SAN　　　　　　　　D. Ethernet

6. iSCSI 技术的优势是（　　　）。

A. 连接距离可无限地延长　　　　　　　　B. 连接的服务器数量无限制

C. 不用担心网络连接问题　　　　　　　　D. 可以实现在线扩容以至可以动态部署

7. Openfiler 用于 Web 管理的用户账号为（　　　）。

A. root　　　　　　　　B. Openfiler　　　　　　C. administrator　　　　D. Openfilers

8. 在 vSphere 中为存储设备配置了专用的 1GB 以太网网络，vSphere 在这种配置下支持以下哪种类型的共享存储？（　　　）

A. 以太网光纤通道　　　　　　　　　　　B. NFS（网络文件系统）

C. iSCSI

9. 以下哪项功能是 VMware 环境中共享存储的优势？（　　　）

A. 允许部署 HA 集群　　　　　　　　　　B. 能够有效地查看磁盘

C. 能够更有效地备份数据　　　　　　　　D. 允许通过一家供应商部署存储

项目 4 部署 vCenter Server 平台

项目学习目标

（1）了解 vCenter Server（高级服务器管理软件）的主要功能。
（2）了解 vCenter Server 的组件与服务。
（3）掌握 vCenter Server 的搭建方法。
（4）掌握使用 vCenter Server 管理主机的方法。

项目描述

Jan16 公司已经初步完成了公司虚拟化架构的基础搭建部分，工程师小莫已经可以熟练地安装 ESXi 服务器、配置虚拟网络和搭建 iSCSI 共享存储，为了提高管理效率，小莫决定部署 vCenter Server 平台，实现对多台 ESXi 主机进行集中管理，同时确保未来能够实现 vSphere 的高级功能，保障虚拟化架构的平稳运行。vCenter Server 架构拓扑如图 4-1 所示。

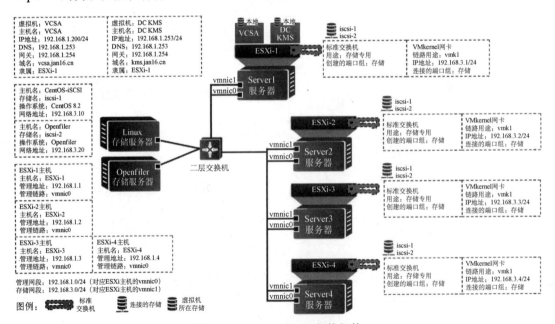

图 4-1 vCenter Server 架构拓扑

公司决定在单点的 ESXi 主机上进行 vCenter Server 的部署，采用域名访问的方式对 vCenter Server 平台进行管理，因此需要配置一台 DNS 服务器进行域名的管理，安装 vCenter Server 需要的设备清单如表 4-1 所示。vCenter Server 及其他节点的账号、密码如表 4-2 所示。

表 4-1　vCenter Server 设备清单

角　　色	IP 地址	主机域名	部署节点	DNS 服务器	网关地址	系　　统
vCenter Server 服务端	192.168.1.200	vcenter.jan16.cn	ESXi-1	192.168.1.253	192.168.1.254	Windows 10
DNS 服务器	192.168.1.253	dns.jan16.cn	DC KMS	192.168.1.253	192.168.1.254	Windows Server 12

表 4-2　vCenter Server 及其他节点的账号、密码

节　　点	账　　号	密　　码
ESXi-1～ESXi-4	root	Jan16@123
vCenter Server	root	Jan16@123
vCenter Server（SSO）	administrator@jan16.cn	Jan16@123
DNS 服务器	administration	Jan16@123

项目分析

在 DNS 服务器内配置正向解析域和反向解析域，随后使用装有 Windows 10 操作系统的跳板机安装 vCenter Server，正确配置 vCenter 虚拟机的节点、vCenter 虚拟机的 IP 地址、子网掩码、DNS 服务器、网关等参数，以上任务完成后通过 Web 界面进行访问，最后新建数据中心，将已经配置完成的 ESXi-1、ESXi-2、ESXi-3 和 ESXi-4 主机添加到数据中心中，由数据中心进行统一托管。本项目将完成以下三个任务：

（1）搭建 DNS 服务；

（2）安装 vCenter Server；

（3）通过 vCenter Server 管理 ESXi 主机。

相关知识

4.1　vCenter Server 的主要功能

- ESXi 主机管理；

- 虚拟机管理；
- 模板管理；
- 虚拟机部署；
- 任务调度；
- 统计与日志；
- 警报与事件管理；
- 虚拟机实时迁移；
- 分布式资源调度；
- 高可用性；
- 容错。

4.2　vCenter Server 的组件与服务

1. 两种版本

- vCenter Server for Windows——基于 Windows 系统的应用程序；
- vCenter Server Appliance——基于 Linux 系统的预配置的虚拟机。

2. 组件和服务概述

（1）VMware Platform Services Controller 基础架构服务组。

- vCenter 单点登录（Single Sign-On，SSO）；
  - ① 为 vSphere 软件组件提供安全身份验证服务；
  - ② vCenter 单点登录构建在安装或升级过程中注册 vSphere 解决方案和组件的内部安全域。
- 许可证服务；
- 查找服务（Lookup Service）；
- VMware 证书颁发机构。

（2）vCenter Server 服务组。

- vCenter Server；
- vSphere Web Client（客户端）；
- vSphere Auto Deploy（自动部署）；
- vSphere ESXi Dump Collector（转储收集器）。

（3）平台服务控制器（Platform Services Controller，PSC）。

- vCenter Server 及其服务都必须在 PSC 中进行绑定；

- PSC 提供包括 SSO 在内的一系列服务；
- PSC 独立于 vSphere 进行升级，在其他任何依赖 SSO 的产品之前完成升级；
- vCenter Server Appliance 对应的 PSC 版本为 Platform Services Controller Appliance。

（4）vSphere 域、域名和站点。

- 域确定本地认证空间，每个 PSC 与 vCenter 单点登录域相关联；
- 域名默认为 vsphere.local，但是可以在安装第一个 PSC 时进行更改；
- 站点是逻辑结构，可将域拆分成多个站点，并将每个 PSC 和 vCenter Server 实例分配到一个站点。

（5）可选 vCenter Server 组件。

- vSphere vMotion——用于虚拟机在 ESXi 主机之间进行实时迁移；
- Storage vMotion——数据存储迁移；
- vSphere HA——实现主机集群的高可用性，提供快速恢复服务；
- vSphere DRS——平衡所有主机和资源池中的资源分配及功耗；
- Storage DRS——平衡存储资源的分配；
- vSphere FT——提供虚拟机容错服务。

4.3　vCenter Server 和 PSC 部署类型

1. 使用嵌入式 PSC 部署 vCenter Server 的特点

- vCenter Server 和 PSC 之间不通过网络连接，因此不会因连接和域名解析问题而导致连接中断；
- 安装 vCenter Server 时需要较少的 Windows 许可证；
- 可以管理较少的虚拟机或物理服务器；
- 每个产品都有一个 PSC，会消耗更多的资源。

2. 使用外部 PSC 部署 vCenter Server 的特点

- PSC 实例中共享服务所消耗的资源更少；
- vCenter Server 和 PSC 之间的连接可能存在连接和域名解析问题；
- 安装 vCenter Server 时需要更多的 Windows 许可证；
- 必须管理更多的虚拟机或物理服务器。

3. 在混合操作系统环境下部署 vCenter Server 的要求

- 在 Windows 上使用外部 PSC；
- 使用外部 Platform Services Controller Appliance。

4.4　vCenter Server（Windows 平台）的安装要求

1. 软件要求

- 安装 vCenter Server 需要 64 位操作系统；
- 64 位操作系统 DSN（数据源名称）要求 vCenter Server 连接外部数据库。

2. 数据库要求

- 每个 vCenter Server 实例必须有自己的数据库；
- 中小型环境中可使用 vCenter Server 安装期间捆绑的 PostgreSQL 数据库；
- 在大型部署环境中，需要提供外部数据库。

3. 所需端口

对于自定义防火墙，必须手动打开所需端口。

4. DNS（域名系统）要求

- 安装 vCenter Server 和 PSC 时必须提供完全限定的域名（FQDN），或者正在执行安装或升级的主机的静态 IP 地址；
- 建议使用 FQDN。

 项目实施

任务 4-1　搭建 DNS 服务

扫一扫，看微课

▶ **任务规划**

在 Windows Server 服务器管理器界面中，进入 DNS 服务的安装向导，并根据指示进行操作。安装完成 DNS 服务之后，进入 DNS 管理器界面，选择新建区域，并根据指示配置 vCenter Server 的服务器域名。本任务将按照以下两个步骤执行：

（1）部署 DNS 服务器；

（2）配置 vCenter Server 的服务器域名。

▶ 任务实施

1. 部署 DNS 服务器

（1）进入【服务器管理器▸仪表板】界面，单击【添加角色和功能】选项，如图 4-2 所示。

图 4-2　【服务器管理器▸仪表板】界面

（2）在【开始之前】界面中无须配置参数，单击【下一步】按钮，如图 4-3 所示。

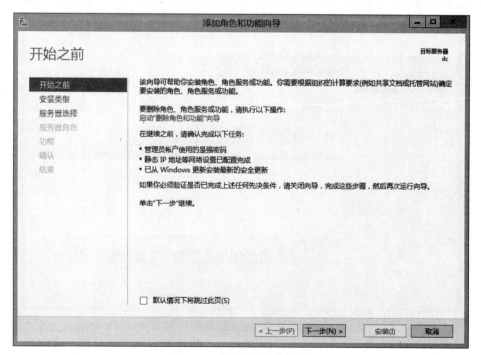

图 4-3　【开始之前】界面

（3）在【选择安装类型】界面中保持默认配置，单击【下一步】按钮，如图 4-4 所示。

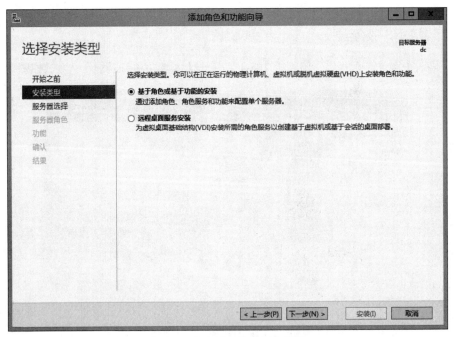

图 4-4 【选择安装类型】界面

（4）在【选择目标服务器】界面中保持默认配置，单击【下一步】按钮，如图 4-5 所示。

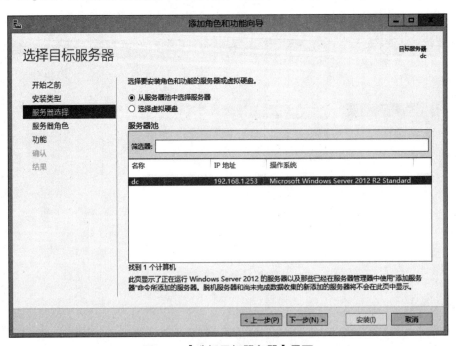

图 4-5 【选择目标服务器】界面

（5）在【选择服务器角色】界面中勾选【DNS 服务器】复选框，单击【下一步】按钮，如图 4-6 所示。

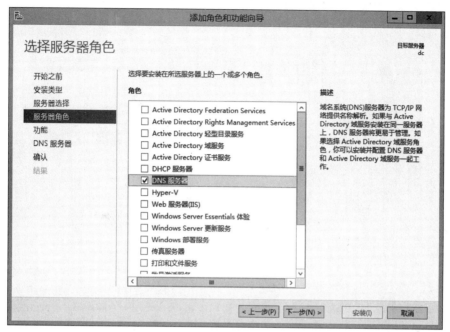

图 4-6　【选择服务器角色】界面

（6）在【选择功能】界面中，勾选【.NET Framework 4.5 功能】复选框，单击【下一步】按钮，如图 4-7 所示。

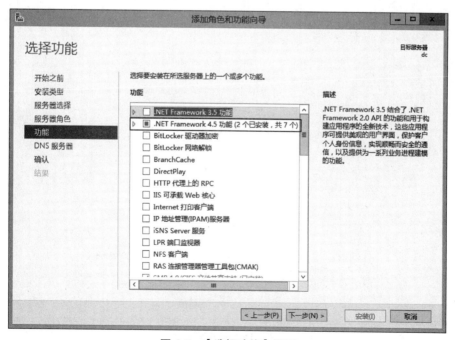

图 4-7　【选择功能】界面

（7）在【DNS 服务器】界面中，无须配置参数，单击【下一步】按钮，如图 4-8 所示。

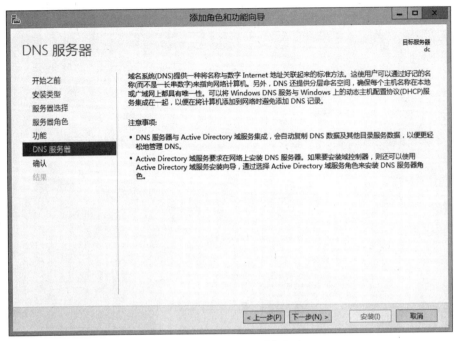

图 4-8　【DNS 服务器】界面

（8）在【确认安装所选内容】界面中，无须配置参数，单击【安装】按钮，如图 4-9 所示。

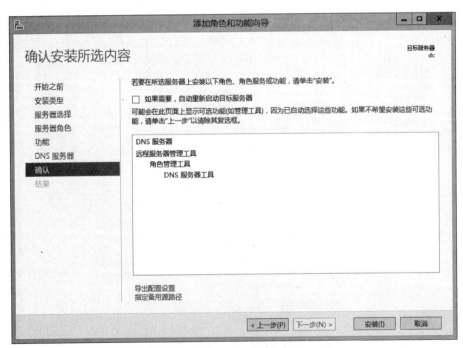

图 4-9　【确认安装所选内容】界面

（9）在【安装进度】界面中等待安装完成，完成后单击【关闭】按钮，如图 4-10 所示。

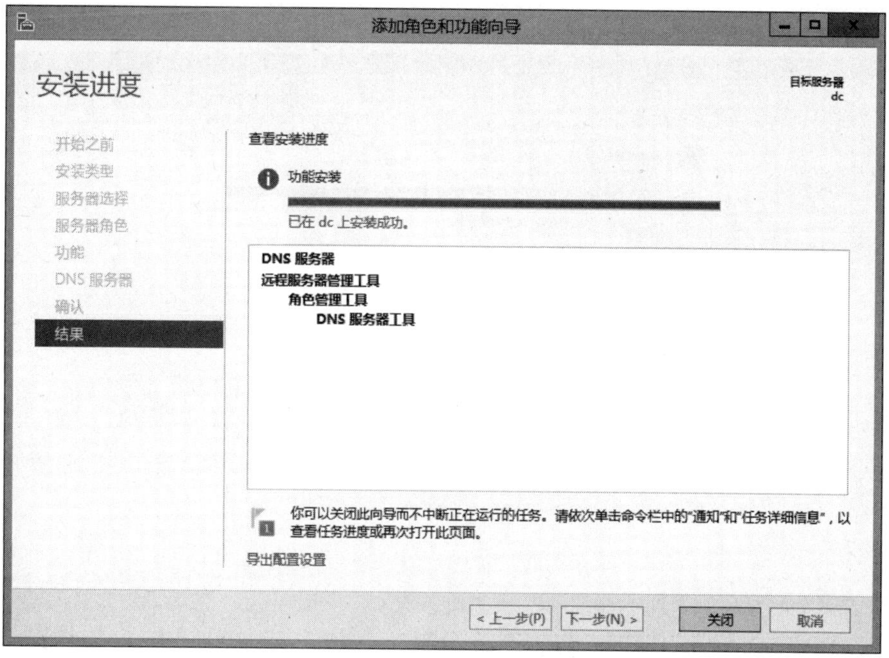

图 4-10　【安装进度】界面

2. 配置 vCenter Server 的服务器域名

（1）在【服务器管理器▸仪表板】界面中，单击【工具】菜单，在弹出的快捷菜单中选择【DNS】选项，如图 4-11 所示。

图 4-11　【服务器管理器▸仪表板】界面

（2）在【DNS 管理器】界面中，右击【正向查找区域】选项，在弹出的快捷菜单中选择【新建区域】选项，如图 4-12 所示。

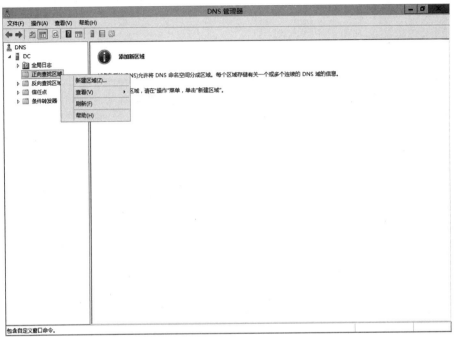

图 4-12 【DNS 管理器】界面

（3）在【新建区域向导】界面中，单击【下一步】按钮，如图 4-13 所示。

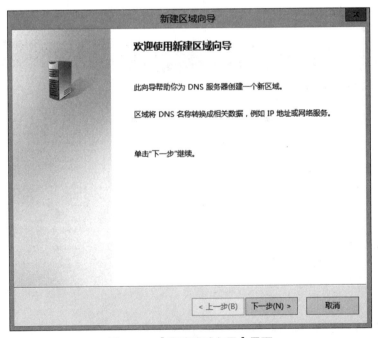

图 4-13 【新建区域向导】界面

（4）在【区域类型】界面中，选择【主要区域】单选按钮，单击【下一步】按钮，如图 4-14 所示。

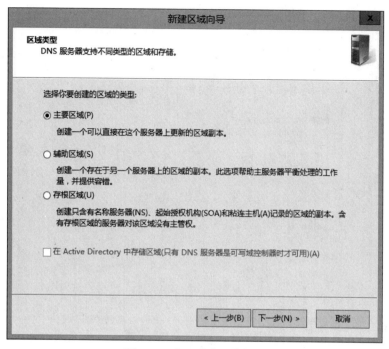

图 4-14 【区域类型】界面

（5）在【区域名称】界面中，设置新建区域名称为【jan16.cn】，如图 4-15 所示。

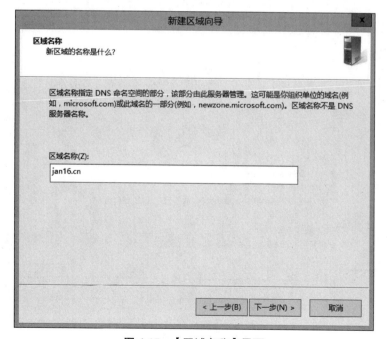

图 4-15 【区域名称】界面

（6）在【区域文件】界面中，选择【创建新文件，文件名为】单选按钮，填写文件名称为【jan16.cn.dns】，如图 4-16 所示。

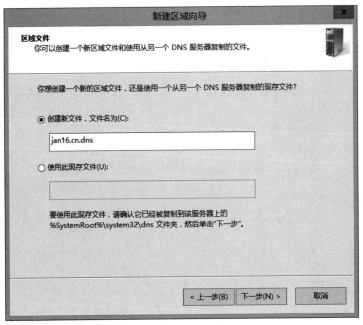

图 4-16　【区域文件】界面

（7）在【动态更新】界面中，选择【不允许动态更新】单选按钮，如图 4-17 所示。

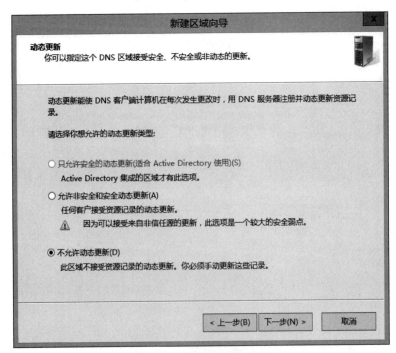

图 4-17　【动态更新】界面

（8）在【正在完成新建区域向导】界面中检查配置无误后，单击【完成】按钮，如图 4-18 所示。

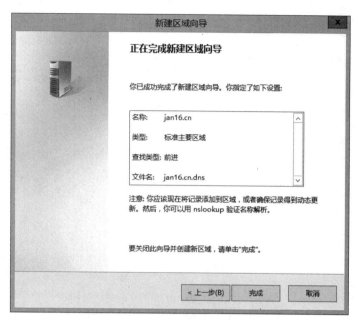

图 4-18　【正在完成新建区域向导】界面

（9）在【DNS 管理器】界面中，右击【反向查找区域】选项，单击【新建区域】选项，如图 4-19 所示。

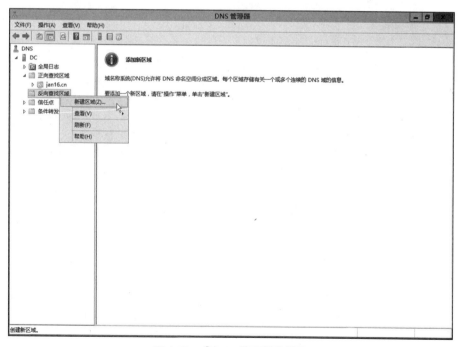

图 4-19　【DNS 管理器】界面

（10）在【欢迎使用新建区域向导】界面中，单击【下一步】按钮，如图 4-20 所示。

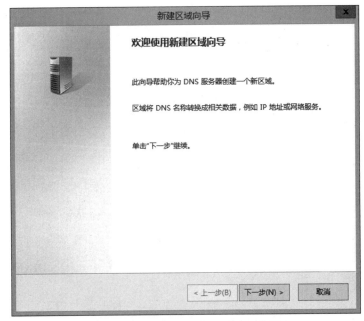

图 4-20 【欢迎使用新建区域向导】界面

（11）在【区域类型】界面中，选择【主要区域】单选按钮，完成后单击【下一步】按钮，如图 4-21 所示。

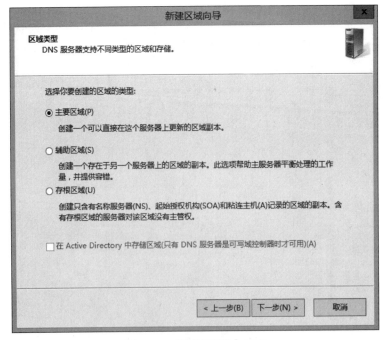

图 4-21 【区域类型】界面

（12）在【反向查找区域名称】界面中，选择【IPv4 反向查找区域】单选按钮，如图 4-22 所示。

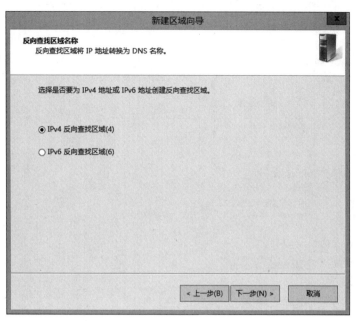

图 4-22　【反向查找区域名称】界面

（13）在【反向查找区域名称】界面中，设置【网络 ID】为【192.168.1.】，完成后单击【下一步】按钮，如图 4-23 所示。

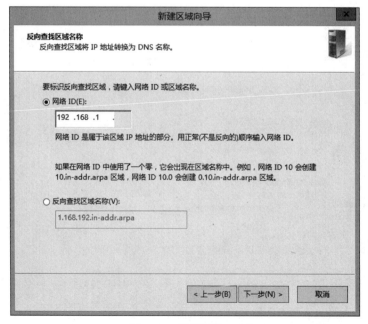

图 4-23　设置网络 ID

（14）在【区域文件】界面中保持默认配置，单击【下一步】按钮，如图 4-24 所示。

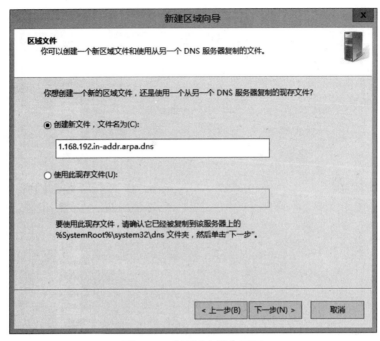

图 4-24　【区域文件】界面

（15）在【动态更新】界面中，选择【不允许动态更新】单选按钮，单击【下一步】按钮，如图 4-25 所示。

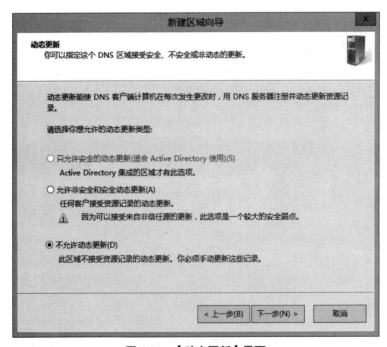

图 4-25　【动态更新】界面

（16）在【正在完成新建区域向导】界面中，检查配置无误后单击【完成】按钮，如图 4-26 所示。

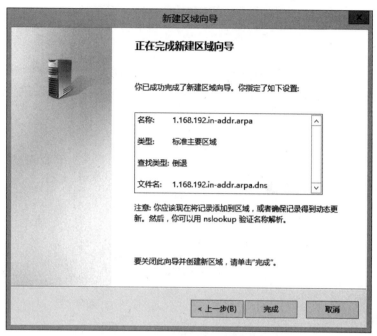

图 4-26　【正在完成新建区域向导】界面

（17）在【DNS 管理器】界面中右击【jan16.cn】区域，在弹出的快捷菜单中选择【新建主机】选项，如图 4-27 所示。

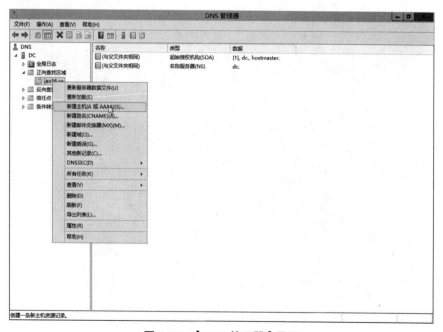

图 4-27　【DNS 管理器】界面

（18）在【新建主机】界面中，设置【名称】为【vcenter】,【IP 地址】为【192.168.1.200】，勾选【创建相关的指针（PTR）记录】复选框，完成后单击【添加主机】按钮，如图 4-28 所示。

图 4-28　添加主机

▶ **任务验证**

在客户端的命令行界面中解析 vCenter Server 的服务器域名，经过验证发现能解析到正确的 IP 地址，如图 4-29 所示。

图 4-29　解析服务器域名

任务 4-2　安装 vCenter Server

扫一扫，看微课

▶ 任务规划

在 Windows Server 主机上挂载 vCenter Server 安装文件，进入 vCenter Server 安装向导，将 ESXi 作为 vCenter Server，根据提示完成第一、二阶段 vCenter Server 的部署，最终通过 Web 网页成功登录 vCenter vSphere 主页。

▶ 任务实施

（1）将 vCenter Server 安装文件放置到本地磁盘（此处以 D 盘为例）中，双击打开路径【D:\vcsa-ui-installer\win32】下的 installer.exe 文件开始安装，如图 4-30 所示。

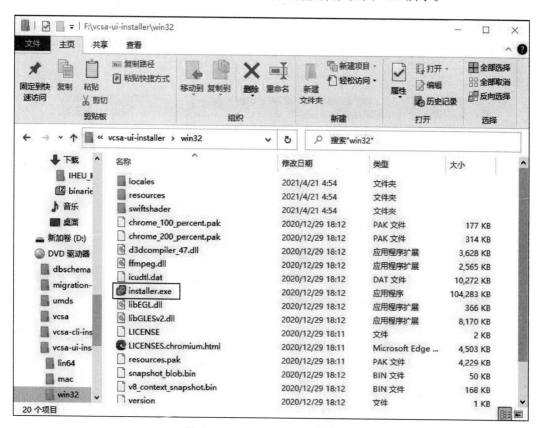

图 4-30　vCenter Server 安装文件

（2）进入【vCenter Server 安装程序】界面，单击【安装】选项，如图 4-31 所示。

图 4-31　【vCenter Server 安装程序】界面

（3）出现【简介】界面，单击【下一步】按钮，如图 4-32 所示。

图 4-32　【简介】界面

（4）在【最终用户许可协议】界面中，勾选【我接受许可协议条款。】复选框，单击【下一步】按钮，如图 4-33 所示。

图 4-33　【最终用户许可协议】界面

（5）在【vCenter Server 部署目标】界面中，在【ESXi 主机名或 vCenter Server 名称】栏中输入 ESXi-1 主机的 IP 地址【192.168.1.1】，并输入用户名【root】和密码【Jan16@123】，单击【下一步】按钮，如图 4-34 所示。

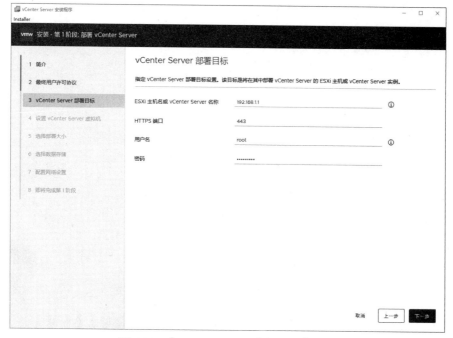

图 4-34　【vCenter Server 部署目标】界面

（6）弹出【证书警告】窗口，单击【是】按钮，如图 4-35 所示。

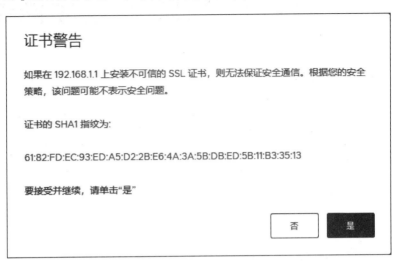

图 4-35　【证书警告】窗口

（7）在【设置 vCenter Server 虚拟机】界面中设置【虚拟机名称】为【VMware vCenter Server】，root 密码为【Jan16@123】，单击【下一步】按钮，如图 4-36 所示。

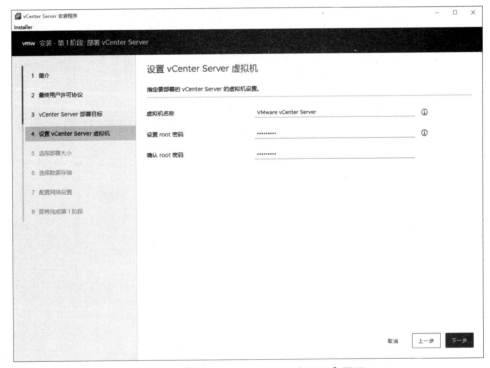

图 4-36　【设置 vCenter Server 虚拟机】界面

（8）在【选择部署大小】界面中，选择【部署大小】为【微型】，【存储大小】为【默认】，单击【下一步】按钮，如图 4-37 所示。

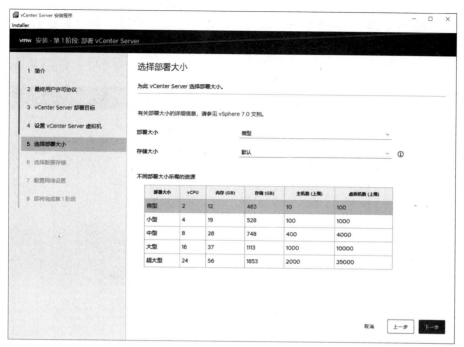

图 4-37　【选择部署大小】界面

（9）在【选择数据存储】界面中，选择本地存储【datastore1 (1)】，勾选【启用精简磁盘模式】复选框，单击【下一步】按钮，如图 4-38 所示。

图 4-38　【选择数据存储】界面

（10）在【配置网络设置】界面中，配置 vCenter Server 的【IP 地址】为【192.168.1.200】，配置【FQDN】为【vcenter.jan16.cn】，设置【默认网关】为【192.168.1.254】，设置

【DNS 服务器】地址为【192.168.1.253】，其他选项保持默认配置，随后单击【下一步】按钮，如图 4-39 所示。

图 4-39　【配置网络设置】界面

（11）检查配置无误后单击【完成】按钮，如图 4-40 所示。

图 4-40　检查配置

（12）第 1 阶段部署 vCenter Server 安装中，如图 4-41 所示。

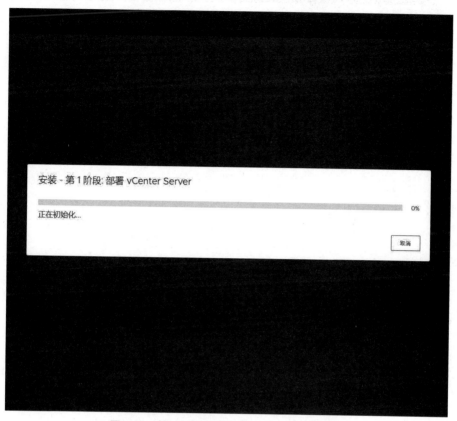

图 4-41　第 1 阶段部署 **vCenter Server** 安装中

（13）第 1 阶段部署 vCenter Server 安装完成，如图 4-42 所示。

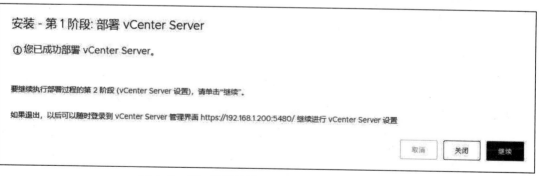

图 4-42　第 1 阶段部署 **vCenter Server** 安装完成

（14）单击图 4-42 中的【继续】按钮，开始第 2 阶段设置 vCenter Server 安装，也可以在浏览器中输入【 https://192.168.1.200:5480/ 】进行安装。在第 2 阶段的安装界面中，单击【下一步】按钮，如图 4-43 所示。

图 4-43　第 2 阶段设置 vCenter Server 的安装界面

（15）在【vCenter Server 配置】界面中，【时间同步模式】选择【与 ESXi 主机同步时间】，【SSH 访问】选择【已启用】，单击【下一步】按钮，如图 4-44 所示。

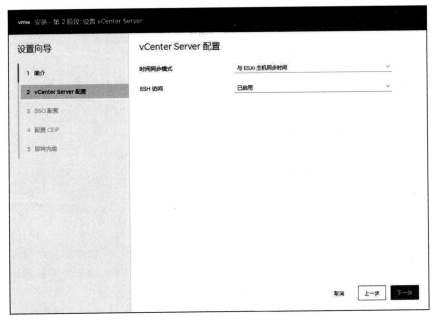

图 4-44　【vCenter Server 配置】界面

（16）在【SSO 配置】界面中，选择【创建新 SSO 域】单选按钮，设置域名为【Jan16.cn】，密码为【Jan16@123】，单击【下一步】按钮，如图 4-45 所示。

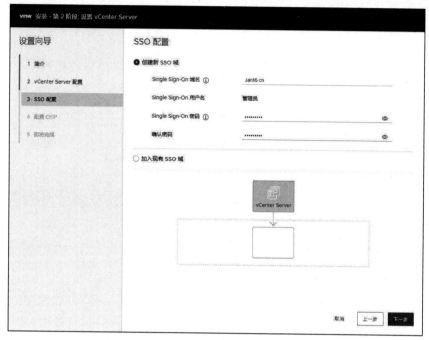

图 4-45　【SSO 配置】界面

（17）在【配置 CEIP】界面中，勾选【加入 VMware 客户体验提升计划（CEIP）】复选框，单击【下一步】按钮，如图 4-46 所示。

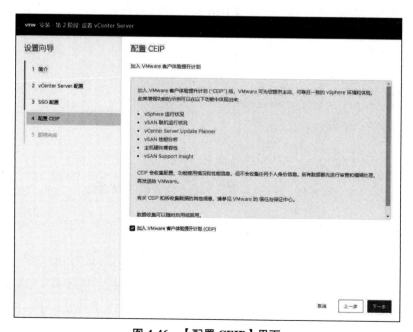

图 4-46　【配置 CEIP】界面

（18）检查设置无误后单击【完成】按钮，进入第 2 阶段的安装，如图 4-47 所示。

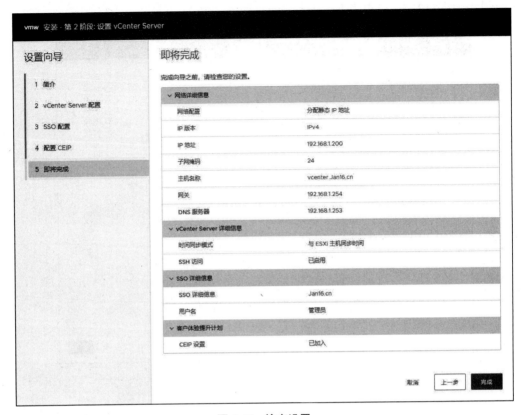

图 4-47　检查设置

（19）第 2 阶段设置 vCenter Server 安装完成，如图 4-48 所示。

图 4-48　第 2 阶段设置 vCenter Server 安装完成

▶ 任务验证

（1）在浏览器的地址栏内输入 vCenter Server 的 IP 地址或主机域名（192.168.1.200 或 vcenter.jan16.cn），成功连接后，单击【启动 VSPHERE CLIENT（HTML5）】按钮，如图 4-49 所示。

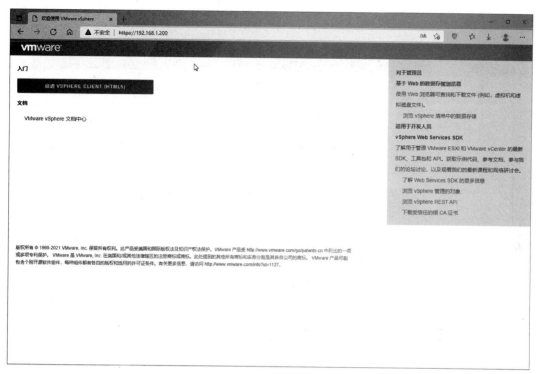

图 4-49 启动 VSPHERE CLIENT 界面

（2）进入【VMware vSphere】管理界面后，输入用户名【administrator@jan16.cn】和密码【Jan16@123】进行登录，如图 4-50 所示。

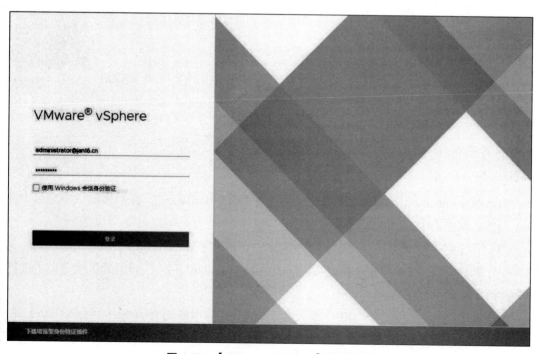

图 4-50 【VMware vSphere】管理界面

（3）进入【vSphere Client】管理界面，如图 4-51 所示。

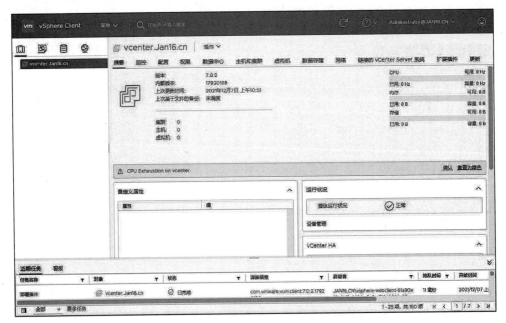

图 4-51　【vSphere Client】管理界面

任务 4-3　通过 vCenter Server 管理 ESXi 主机

▶ 任务规划

在【vSphere Client】管理界面中新建数据中心，再分别将 4 台 ESXi
主机加入 vCenter Server 的数据中心中。

扫一扫，看微课

▶ 任务实施

（1）在【vSphere Client】管理界面中右击【vcenter.jan16.cn】，在弹出的快捷菜单中选择【新建数据中心】选项，如图 4-52 所示。

（2）在【新建数据中心】界面中输入数据中心名称【Jan16】，如图 4-53 所示。

（3）新建数据中心的操作完成后，右击数据中心【Jan16】，在弹出的快捷菜单中选择【添加主机】选项，如图 4-54 所示。

（4）在【名称和位置】界面中，输入要添加的 ESXi 主机的 IP 地址【192.168.1.1】，单击【NEXT】按钮，如图 4-55 所示。

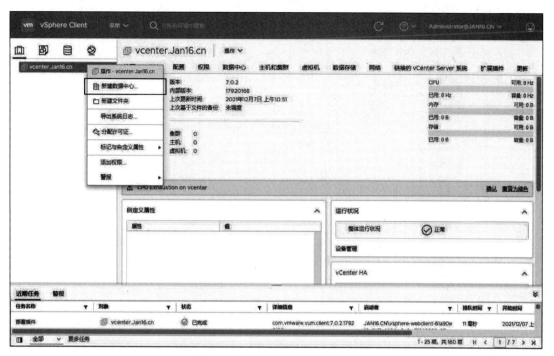

图 4-52　【新建数据中心】选项

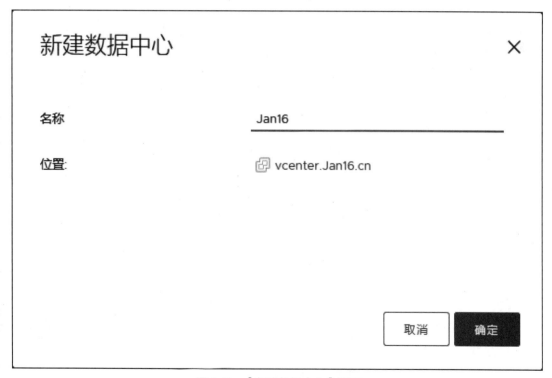

图 4-53　【新建数据中心】界面

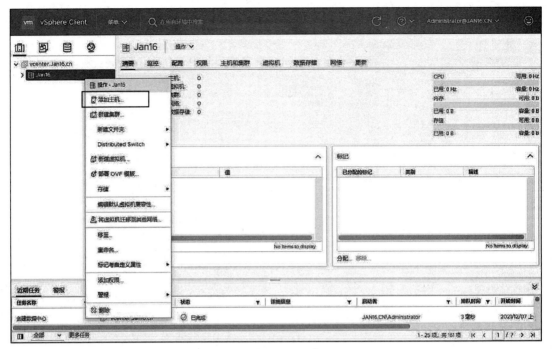

图 4-54　【添加主机】选项

图 4-55　【名称和位置】界面

（5）在【连接设置】界面中，输入连接的 ESXi 主机的用户名【root】和密码【Jan16@123】，单击【NEXT】按钮，如图 4-56 所示。

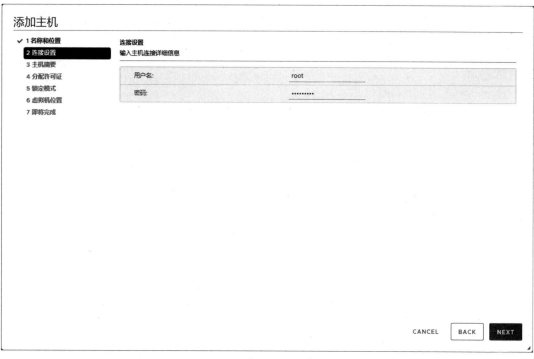

图 4-56　【连接设置】界面

（6）弹出【安全警示】窗口，单击【是】按钮，如图 4-57 所示。

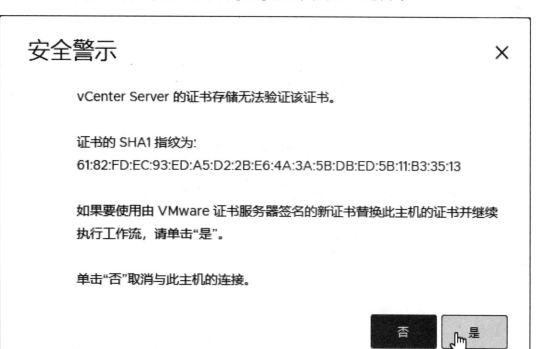

图 4-57　【安全警示】窗口

基于 VMware vSphere 7.0 的虚拟化技术项目化教程

（7）在【主机摘要】界面中，确认设置信息无误后，单击【NEXT】按钮，如图 4-58 所示。

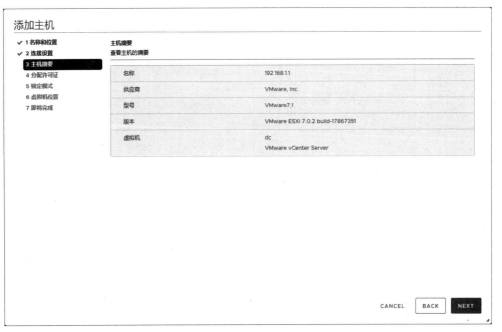

图 4-58　【主机摘要】界面

（8）在【分配许可证】界面中，选中【评估许可证】选项，单击【NEXT】按钮，如图 4-59 所示。

图 4-59　【分配许可证】界面

（9）在【锁定模式】界面中，设置锁定模式为【禁用】，单击【NEXT】按钮，如图 4-60 所示。

图 4-60　【锁定模式】界面

（10）在【虚拟机位置】界面中，选择【虚拟机位置】为【Jan16】，单击【NEXT】按钮，如图 4-61 所示。

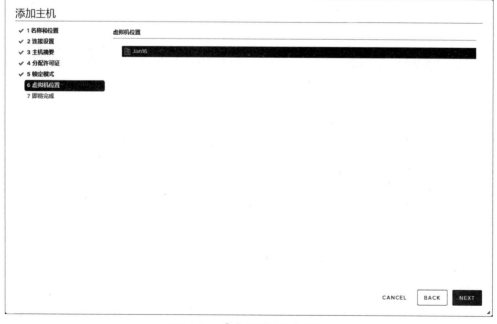

图 4-61　【虚拟机位置】界面

（11）在【即将完成】界面中，检查设置信息无误后单击【FINISH】按钮，如图 4-62 所示。

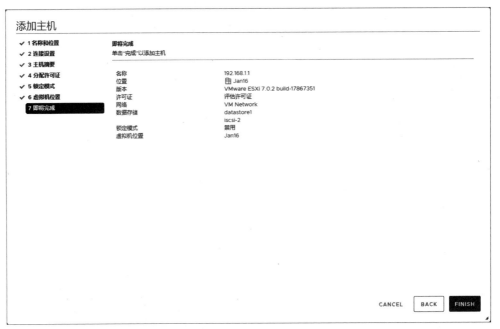

图 4-62　【即将完成】界面

（12）参照上述步骤，分别将 ESXi-2、ESXi-3 与 ESXi-4 主机也添加到 Jan16 数据中心中。

▶ **任务验证**

查看由 Jan16 数据中心托管的 ESXi 主机，如图 4-63 所示。

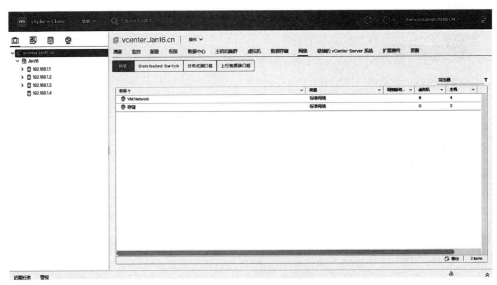

图 4-63　查看由 Jan16 数据中心托管的 ESXi 主机

选择题

1. 以下哪项是 vCenter Server 的优势？（　　　）

A. vCenter Server 只能使用本地存储进行虚拟化

B. vCenter Server 可以进行虚拟化，但必须在 32 位服务器上部署

C. vCenter Server 可以轻松实现虚拟化，HA（高可用性）可以在需要时用于重新启动虚拟机

D. vCenter Server 与管理员密切相关，因而不能实现虚拟化

2. 关于管理 ESXi 主机，以下哪项操作可以在没有安装 vCenter Server 的情况下执行？（　　　）

A. 克隆关闭的虚拟机

B. 创建虚拟机

C. 迁移正在运行的虚拟机

D. 在虚拟机上设置警报

3. vSphere Client 一次能管理（　　　）台 ESXi 主机。

A. 1　　　　　　　　　B. 2　　　　　　　　　C. 3　　　　　　　　　D. 4

4. vCenter Server 的监控项有（　　　）。

A. 虚拟机的 CPU 使用情况　　　　　　　B. 备份作业

C. 网络连接状态　　　　　　　　　　　　D. 许可证错误

5. vCenter Server 的作用是（　　　）。

A. 虚拟化主机　　　　　　　　　　　　　B. 集中管理虚拟机

C. 集中管理主机　　　　　　　　　　　　D. 提供虚拟机

6. 以下关于 vCenter Server 的表述正确的是（　　　）。

A. 可监控 CICS（客户信息控制系统）　　B. 可监控 SYBSE（数据库管理工具）

C. 可监控虚拟机的 CPU 使用情况　　　　D. 可监控交易情况

7. 在完成 vCenter Server 的安装后，要修改 vCenter SSO 的配置，在默认情况下，必须使用哪个用户登录 vSphere Web Client？（　　　）

A. administrator　　　　B. admin　　　　　　C. vmware　　　　　　D. vsphere

8. 请指出以下哪个是包含 vCenter Server 的层？（　　　）

A. 界面层   B. 管理层   C. 物理层   D. 虚拟化层

9. 可以通过以下哪种方式登录 vCenter Server？（　　　）

A. SSH   B. telnet

C. vSphere Client   D. vSphere Web Client

项目 5　搭建 VMware 虚拟网络

 项目学习目标

（1）了解 VMware 虚拟网络。

（2）掌握标准交换机的搭建。

（3）掌握分布式交换机的搭建。

 项目描述

　　工程师小莫在完成 VMware vSphere 管理平台的搭建后，将 ESXi 主机都加入了数据中心。考虑到未来将会有更多的 ESXi 主机加入集群中，而这也会逐步提高网络管理的难度，并且高级功能的实现需要有稳定畅通的网络环境。因此小莫决定在 VMware vSphere 管理平台上创建分布式交换机，将 ESXi 主机的数据流量和管理流量进行分离，即将私有云服务器区域的三台 ESXi 主机加入新建的分布式交换机中，且每台 ESXi 主机均增加两个物理网卡（这三台主机各装载四个网卡），作为其中的上行链路，随后配置对应的 VMkernel 网卡。分布式交换机及标准交换机相关参数，如表 5-1～表 5-3 所示。分布式交换机关联 ESXi 主机网络拓扑，如图 5-1 所示。

表 5-1　vSphere 创建的分布式交换机参数

名　　称	上行链路数	端口组	DSwitch 版本	包含主机	上行链路端口组
高级业务专用交换机	4	迁移	7.0.0	ESXi-1、ESXi-2、ESXi-3	高级业务专用-DVUplinks-11

表 5-2　各 ESXi 主机关联分布式交换机的网卡信息

主　　机	关联的交换机	VMkernel 关联的物理网卡（上行链路）
ESXi-1	高级业务专用交换机	vmnic2、vmnic3
ESXi-2		
ESXi-3		

表 5-3　vSphere 创建的标准交换机参数

名　　称	宿主机	物理适配器	MTU	标　签	VLAN ID	端口组	VMkernel IP 地址	MAC 地址更改和伪传输
vSwitch-4	ESXi-4	vmnic1	1500	管理	1	HOR-PC	172.31.2.4	开启

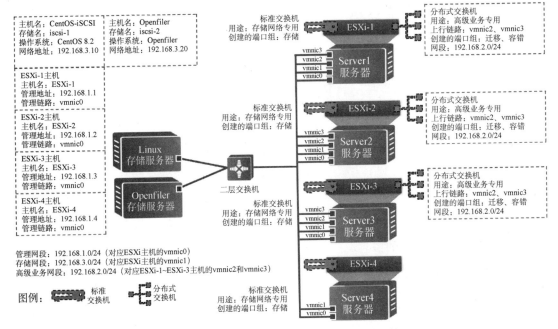

图 5-1　分布式交换机关联 ESXi 主机网络拓扑

 项目分析

在 VMware vSphere 管理平台上创建分布式交换机，将三台 ESXi 主机托管到新建的分布式交换机上，配置选项包括分布式交换机名称、VMkernel 网卡 IP 地址、分布式端口组、上行链路及分配到分布式交换机内的物理适配器。

根据项目需求与项目拓扑，本项目可以通过以下工作任务来完成：搭建私有云服务器区域虚拟网络。

相关知识

5.1　ESXi 网络概述

物理网络：为了使物理服务器之间能够正常通信而建立的网络。虚拟网络建立在物理网络之上，没有物理网络，虚拟网络也就没有存在的必要。

虚拟网络：在 ESXi 主机上运行的虚拟机为了互相通信而形成的网络。

5.2　ESXi 网络组件

物理网卡：简称 vmnic，ESXi 内核的第一个网卡称为 vmnic0，第二个网卡称为 vmnic1，依次类推。

虚拟网卡：简称 vNIC，每台虚拟机可以有多个虚拟网卡，用于连接虚拟交换机，确保其之间能正常通信。

虚拟交换机：简称 vSwitch，是安装 ESXi 时，自动创建的用于虚拟机之间连接的虚拟交换设备。

5.3　虚拟化网络的重要概念

vNetwork Standard Switch（标准交换机）：简称 vSS，我们可以将一台虚拟交换机称为一个 vSS，在一个 ESXi 主机中，我们可以视情况创造出多个 vSS。

vNetwork Distributed Switch（分布式交换机）：简称 vDS，可以让虚拟交换机看起来是一个横跨多个不同 ESXi 主机的大型交换机，便于管理员统一针对它进行设置，省去了以往 vSS 必须在每个 ESXi 主机上新建，并且单独进行配置的麻烦。

Virtual Switch Ports（虚拟交换端口）：每一台虚拟交换机都可以指定网络端口的数量，在 ESXi 主机中，一个 vSwitch 最多可以拥有 4088 个端口。

vmnic：实体网卡，编号从 vmnic0 开始，如果实体服务器有三个网络端口，就有 vmnic0～vmnic2。

Virtual NIC：也可以称为 vNIC，它指的是虚拟网卡，在 ESXi 主机里，一台虚拟机最多可以虚拟出 10 个网卡，而每个 vNIC 都拥有自己的 MAC 地址，由于实体网卡是 vSwitch 上的 uplink port（上行链路端口），所以真正的 IP 地址配置在虚拟机的 vNIC 中。

NIC Teaming（网卡聚合）：当多个实体网卡分配给一台虚拟交换机时，代表连接这个虚拟交换机的虚拟机有了"不同通路"的支持。如果虚拟交换机上只有一条通路让所有虚拟机共享，可能会造成阻塞或单点故障；如果有两个以上的实体网卡，就可以做到平时分流、损坏时互相支援。注意：在配置聚合时，最好将不同实体网卡的端口放到同一台虚拟交换机中，这样即使一个实体网卡坏掉，也不会造成虚拟交换机的上行链路都失效，保证了高可靠性。

Port Group（端口组）：在一台虚拟交换机上，可以将一些虚拟机组织起来，成为一个 Port Group，然后针对整个 Port Group 应用网络原则与特殊设置，如 VLAN、Security（安全性）和 QoS（服务质量）等。

Traffic Shaping（流量整形）：它可以针对 Port Group 进行流量管理。例如，PC-A 为财务虚拟机，PC-B 为测试虚拟机，当网络带宽紧张时，就可以对 PC-B 限制流量。

VLAN：在一台交换机上可以对不同的 Port Group 定义不同的 VLAN，与实体 VLAN 相同，分属不同 Port Group 的虚拟机彼此之间无法通信（除非有路由连接），VLAN 的配置在虚拟环境下有以下两种不同方式。

（1）VST（Virtual Switch Tagging，虚拟交换机标记）：为 Port Group 指定 VLAN 的方式称为 VST，由于通过 uplink port 载送不同的 VLAN ID，所有实体网卡必须连接实体交换机的 TRUNK 端口，而不能属于实体交换机的某个 VLAN 端口。由于虚拟交换机是由 VMkernel 运行的，VMkernel 必须要做 tagged（已标记）和 untagged（未标记）的操作，所以会牺牲一些实体 ESXi 主机的性能。

（2）EST（External Switch Tagging，外部交换机标记）：将实体网卡连接至实体交换机的某个 VLAN 端口上，而不在虚拟交换机上设置 VLAN 的做法称为 EST，这个时候实体网卡不用接在 TRUNK 端口上。连接实体交换机的实体网卡属于哪个 VLAN，通过该实体网卡上行链路的虚拟机就会成为该 VLAN 的成员。

注：一个实体网卡只能属于一台虚拟交换机。

5.4 标准交换机与分布式交换机

交换机本身作为转发通信数据的网络设备，在网络管理和运维工作中具有非常重要的作用。而在虚拟化架构 VMware vSphere 中，交换机作为直联主机的网络设备，也被虚拟化了，并称为虚拟交换机。在 VMware vSphere 中，虚拟交换机分为两大类，分别为标准交换机和分布式交换机。

1. 标准交换机

标准交换机是由每台 ESXi 主机单独管理的交换机，它只在一台且为本地的 ESXi 主机内部工作，只能将本机上的虚拟机进行直接连通。标准交换机的功能类似物理交换机，在二层网络中运行。ESXi 主机管理流量、虚拟机流量等数据通过标准交换机传送到外部网络中。

由于标准交换机只能在本地工作，所以必须在每台 ESXi 主机上独立管理每台标准交换机。每次标准交换机修改配置信息时，都要在所有 ESXi 主机上进行重复操作，并且在主机之间迁移虚拟机时，会重置网络连接状态，提高了监控和故障排除的复杂程度和管理成本。

标准交换机的特点如下：

一个物理接口只能分配给一台虚拟交换机；

一台虚拟交换机可以由多个物理接口组成；

每台 ESXi 主机的标准交换机相互独立，且仅在本地有效；

标准交换机只能限制发往外部的流量。

2. 分布式交换机

分布式交换机是以 vCenter Server 为中心创建的虚拟交换机。分布式交换机可以跨越多台 ESXi 主机，即在多台 ESXi 主机上存在同一台分布式交换机，可理解为分布在各个服务器上的虚拟交换机，该交换机具备二层网络交换机的属性。分布式交换机的主要作用是在虚拟机之间进行内部流量转发或通过连接物理以太网适配器以连接外部网络。当 ESXi 主机的数量较多时，使用分布式交换机可以大幅度提高管理员的工作效率。

分布式交换机与标准交换机的相同之处：

都是为虚拟机之间通信、管理服务通信等提供支持的；

都需要使用物理网卡来关联，实现上行链路；

都需要使用 VLAN 来实现对网络的逻辑隔离。

分布式交换机的特点：

不属于某一台 ESXi 主机，属于 vCenter Server 环境；

横跨多台 ESXi 主机组成的集群的单一交换机；

具有很多高级特性（如减少 vMotion 迁移的麻烦）。

5.5　端口和端口组

端口和端口组是虚拟交换机上的逻辑对象，用来为 ESXi 主机或虚拟机提供特定的服务。用来为 ESXi 主机提供服务的端口称为 VMkernel 端口，用来为虚拟机提供服务的端口组称为虚拟机端口组。

一台虚拟交换机中可以包含一个或多个 VMkernel 端口和虚拟机端口组，也可以在一台 ESXi 主机上创建多台虚拟交换机，每台虚拟交换机包含一个 VMkernel 端口或虚拟机端口组。

5.6　上行链路端口

上行链路端口，即虚拟交换机上用于与物理网卡连接的端口，多个端口组成端口组。虚拟交换机必须连接作为上行链路的 ESXi 主机的物理网卡，才能与物理网络中的其他设备通信。一台虚拟交换机可以绑定一个物理网卡，也可以绑定多个物理网卡，成为一个 NIC 组（网卡组，也称 NIC Team）。将多个物理网卡绑定到一台虚拟交换机上，可以实现冗余和负载均衡的功能。

注意：虚拟交换机也可以没有上行链路，但这种虚拟交换机是只支持内部通信的交换机。

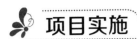 项目实施

任务 搭建私有云服务器区域虚拟网络

扫一扫,看微课

▶ 任务规划

在 VMware vSphere 管理平台中,为私有云服务器区域的三台 ESXi 主机配置虚拟网络。搭建分布式交换机,实现各 ESXi 主机高级服务的可用性。

▶ 任务实施

(1)在【vSphere Client】管理界面的导航栏中,右击数据中心中的【Jan16】,在弹出的快捷菜单中单击【Distributed Switch】→【新建 Distributed Switch】选项,如图 5-2 所示。

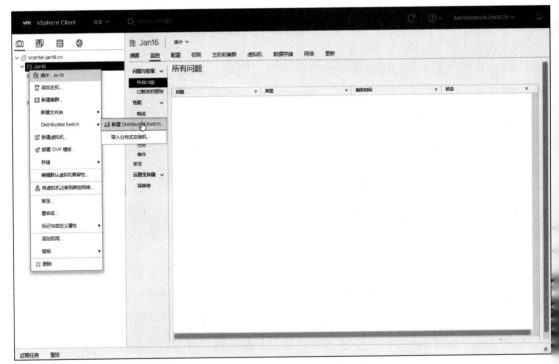

图 5-2 【vSphere Client】管理界面

(2)在【名称和位置】界面中,将【名称】设置为【高级业务专用】,如图 5-3 所示,单击【下一页】按钮。

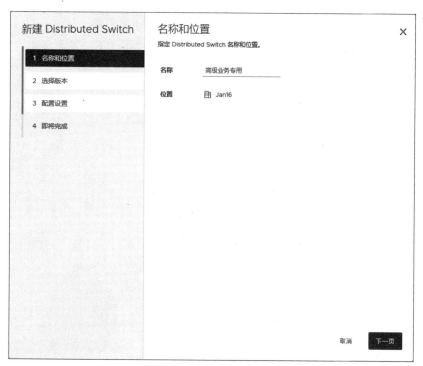

图 5-3　【名称和位置】界面

（3）在【选择版本】界面中，选择【7.0.2-ESXi 7.0.2 及更高版本】单选按钮，如图 5-4 所示，单击【下一页】按钮。

图 5-4　【选择版本】界面

（4）在【配置设置】界面中，选中【创建默认端口组】复选框，并将【端口组名称】设置为【迁移】，其余选项保持默认配置，如图 5-5 所示，单击【下一页】按钮。

图 5-5 【配置设置】界面

（5）在【即将完成】界面中，检查配置无误后单击【完成】按钮，如图 5-6 所示。

图 5-6 【即将完成】界面

（6）分布式交换机创建完成后，界面左侧导航栏中出现分布式交换机【高级业务专用】，右击该交换机，在弹出的快捷菜单中单击【分布式端口组】→【新建分布式端口组】选项，如图 5-7 所示。

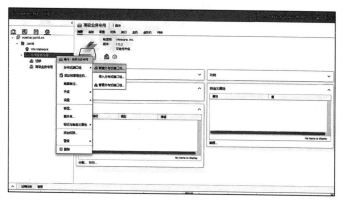

图 5-7 准备添加分布式端口组

（7）在【名称和位置】界面中，设置【名称】为【容错】，如图 5-8 所示，单击【下一页】按钮。

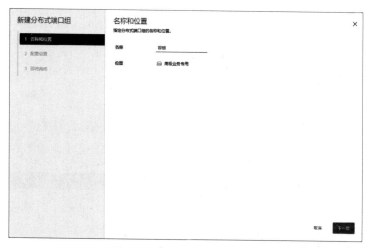

图 5-8 【名称和位置】界面

（8）在【配置设置】界面中，保持默认配置即可，如图 5-9 所示，单击【下一页】按钮。

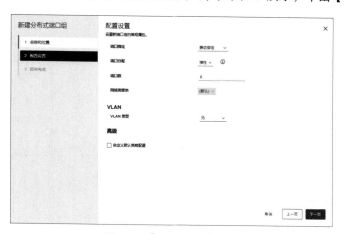

图 5-9 【配置设置】界面

（9）在【即将完成】界面中，检查配置无误后，单击【完成】按钮，如图 5-10 所示。

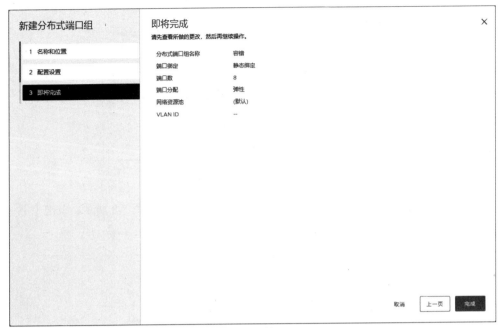

图 5-10　【即将完成】界面

（10）分布式端口组创建完成后，在【vSphere Client】管理界面左侧导航栏中右击【高级业务专用】，在弹出的快捷菜单中单击【添加和管理主机】选项，如图 5-11 所示。

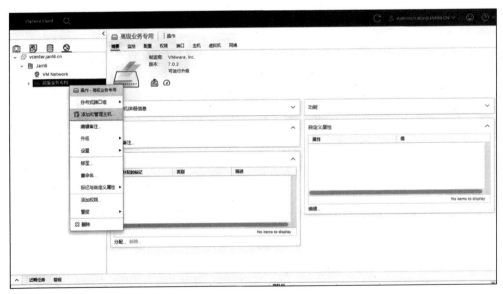

图 5-11　即将添加和管理主机

（11）在【选择任务】界面中，选择【添加主机】单选按钮，如图 5-12 所示，单击【NEXT】按钮。

图 5-12　【选择任务】界面

（12）在【选择主机】界面中，单击【+新主机】按钮，如图 5-13 所示；在弹出的【选择新主机】窗口中，添加 ESXi-1 主机（192.168.1.1）、ESXi-2 主机（192.168.1.2）和 ESXi-3 主机（192.168.1.3），如图 5-14 所示，单击【确定】按钮，最终结果如图 5-15 所示。

图 5-13　【选择主机】界面

图 5-14　【选择新主机】窗口

图 5-15　已添加的主机

（13）在【管理物理适配器】界面中，为各个主机分配【vmnic2】与【vmnic3】物理网络适配器作为此交换机的上行链路，如图 5-16 所示，单击【NEXT】按钮。

图 5-16　【管理物理适配器】界面

（14）在【管理 VMkernel 适配器】界面中，三台主机均不进行 VMkernel 适配器的分配，单击【NEXT】按钮进入下一步操作，如图 5-17 所示。

（15）在【迁移虚拟机网络】界面中，取消勾选【迁移虚拟机网络】复选框（不迁移虚拟机网络），随后单击【NEXT】按钮，如图 5-18 所示。

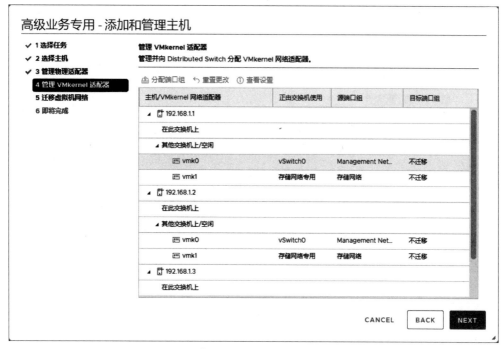

图 5-17　【管理 VMkernel 适配器】界面

图 5-18　【迁移虚拟机网络】界面

（16）在【即将完成】界面中，检查配置无误后，单击【FINISH】按钮完成操作，如图 5-19 所示。

图 5-19　【即将完成】界面

▶ 任务验证

（1）在【vSphere Client】管理界面左侧导航栏中，单击【高级业务专用】→【配置】→【设置】→【拓扑】选项，查看分布式交换机拓扑，里面包括了托管在分布式交换机的上行链路和创建的端口组（以及未来将要创建的业务专用 VMkernel 适配器），如图 5-20 所示。

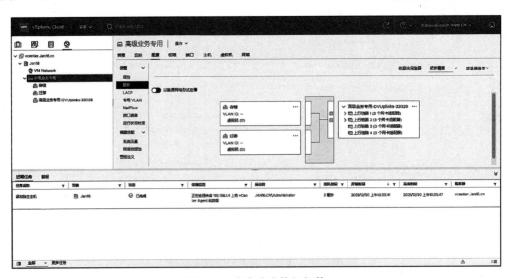

图 5-20　分布式交换机拓扑

（2）在【vSphere Client】管理界面左侧导航栏中，单击【高级业务专用】→【端口】选项，查看端口连接情况（图 5-21 中显示上行链路区段），如图 5-21 所示。

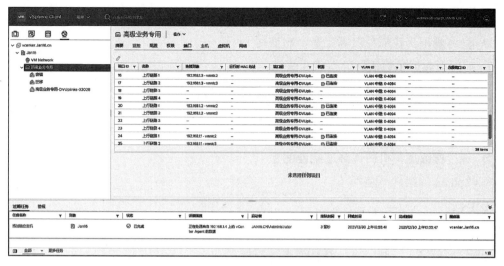

图 5-21　查看分布式端口连接情况

选择题

1. 虚拟交换机支持的相关性能有（　　　）。（多选题）

A. QoS　　　　　　　　　　　　　　B. VLAN
C. 流量调整　　　　　　　　　　　　D. LACP（链路汇聚控制协议）

2. 每个 vCenter Server 可连接多少台分布式交换机？（　　　）

A. 16　　　　　　B. 248　　　　　　C. 512　　　　　　D. 4096

3. 以下关于分布式交换机，说法正确的是（　　　）。

A. 当端口类型选择普通模式时，允许多个 VLAN 通过

B. 一个端口组只能对应一台分布式交换机，一台分布式交换机可以对应多个端口组

C. 上行链路是 SR-IOV 设备（磁盘 I/O 设备）时，端口类型应选择普通模式

D. 在虚拟机中，一个网卡可加入多个安全组中

4. 分布式交换机从以下哪个级别驱动？（　　　）

A. 数据中心级别　　　B. 硬件级别　　　C. 主机级别　　　D. 虚拟机级别

5. 分布式交换机的功能有（　　　）。（多选题）

A. 网络 vMotion　　　B. 网络流量监控　　　C. VLAN 隔离　　　D. LACP 支持

6. 关于虚拟交换机，以下说法中错误的是（　　　）。

A. 可以配置多台业务虚拟交换机

B. 虚拟交换机可以划分多个 VLAN

C. 业务、管理和存储都必须使用不同的虚拟交换机

D. 一台虚拟交换机可以绑定多个物理网卡

7. 如何将虚拟机连接到分布式交换机上？（　　　）

A. 通过创建分布式端口组

B. 通过创建分布式交换机

C. 通过将一组虚拟机从现有虚拟网络中迁出

D. 通过修改虚拟机的网络适配器配置

8. vSphere 的组件不包括（　　　）。

A. ESXi

B. vCenter

C. OpenStack（开源的云计算管理平台项目）

D. vStrage VMFS（VMware 的文件系统）

9. vSphere 哪个版本提供 Fault Tolerance 功能？（　　　）（多选题）

A. Essentials 版　　　　　B. 标准版　　　　　C. 企业增强版　　　　D. 企业版本

项目 6　搭建虚拟机

项目学习目标

（1）了解虚拟机的概念。

（2）掌握虚拟机的搭建方法。

（3）掌握虚拟机模板的搭建方法。

项目描述

工程师小莫完成了虚拟网络、共享存储和数据中心的搭建后，开始部署专用服务。经公司内部研究讨论，决定在 ESXi-2 主机上搭建 WEB 虚拟机和 MAIL 虚拟机，具体参数分别如表 6-1、表 6-2 所示。随后在 ESXi-3 主机上分别制作 Linux 和 Windows 系统的虚拟机模板，以减少未来运维任务的工作量，其模板机的参数分别如表 6-3、表 6-4 所示。再通过模板机克隆虚拟机，以此提高工作效率，新建的虚拟机参数如表 6-5 所示。创建模板机的任务拓扑如图 6-1 所示，最终效果的拓扑如图 6-2 所示。

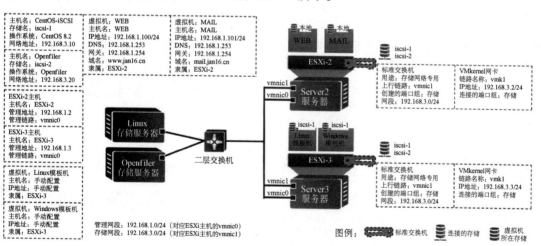

图6-1　任务拓扑（创建模板机）

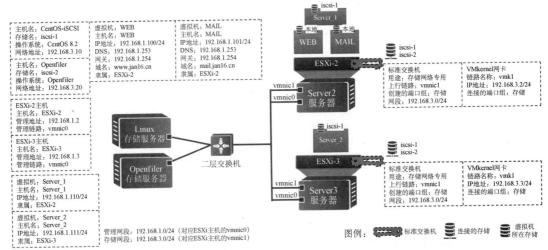

图 6-2　通过模板机创建的新虚拟机拓扑

表 6-1　WEB 虚拟机参数

部署节点	CPU	内　存	磁　盘	兼容性
ESXi-2	1	2GB	20GB（精简置备）	7.0
操作系统	版　本	网　络	驱动器	存储位置
Linux	CentOS 8.2	VM Network	数据存储 ISO 文件	本地存储

表 6-2　MAIL 虚拟机参数

部署节点	CPU	内　存	磁　盘	兼容性
ESXi-2	1	2GB	20GB（精简置备）	7.0
操作系统	版　本	网　络	驱动器	存储位置
Linux	CentOS 8.2	VM Network	数据存储 ISO 文件	本地存储

表 6-3　Linux 模板机参数

部署节点	CPU	内　存	磁　盘	兼容性
ESXi-3	1	2GB	20GB（精简置备）	7.0
操作系统	版　本	网　络	驱动器	存储位置
Linux	CentOS 8.2	VM Network	数据存储 ISO 文件	iscsi-1

表 6-4　Windows 模板机参数

部署节点	CPU	内　存	磁　盘	兼容性
ESXi-3	1	2GB	40GB（精简置备）	7.0
操作系统	版　本	网　络	驱动器	存储位置
Windows	Windows Server 2012	VM Network	数据存储 ISO 文件	iscsi-1

表 6-5　通过模板机克隆的虚拟机参数

虚拟机名称	使用模板	自定义内存	所在主机	存储位置	网络地址
Server_1	Windows 模板机	1GB	ESXi-2	iscsi-1	192.168.1.110/24
Server_2	Windows 模板机	1GB	ESXi-3	iscsi-1	192.168.1.111/24

 **项目分析**

　　首先，在 ESXi-2 主机上按照规划要求创建两台虚拟机；然后，在 ESXi-3 主机上，按照规划要求创建两台不同操作系统的虚拟机，并为其安装 VM Tools（虚拟机工具），部署完成后将这两台虚拟机转换成模板；最后根据规划需求，使用模板机克隆虚拟机，并根据网络规划为克隆出来的虚拟机配置好 IP 地址。本项目将按照以下三个任务来执行：

　　（1）创建应用服务器区域的虚拟机；

　　（2）制作模板机；

　　（3）通过模板机部署虚拟机。

 **相关知识**

6.1　vSphere 虚拟机简介

1. 虚拟机文件

　　vSphere 虚拟机包含一组规范和配置文件，主要包括配置文件（.vmx）、虚拟磁盘文件（.vmdk）、虚拟机 BIOS 或 EFI 配置文件（.nvram）和日志文件（.log）。

2. 虚拟机组件

　　操作系统、VM Tools、虚拟资源、硬件。

3. 虚拟机兼容性

　　使用虚拟机兼容性参数来设置可运行虚拟机的 ESXi 主机版本。

　　每个虚拟机兼容性级别至少支持 5 个主要或次要 vSphere 版本。

6.2　VM Tools

　　VM Tools 是 vSphere 虚拟机中自带的一种增强工具，提供增强的虚拟显卡和硬盘性能以及同步虚拟机与主机的时钟驱动程序。VM Tools 实现主机与虚拟机之间的文件共享、自由拖拉功能，鼠标可以在虚拟机与主机之间自由移动。因此安装虚拟机后必须安装 VM Tools，谨记安装此工具时会按照创建虚拟机时选择的操作系统是 32 位还是 64 位版本进行选择。

6.3　虚拟机克隆

　　虚拟机克隆即创建一个虚拟机的副本，这个副本中包含虚拟机硬件配置、安装的软件、用户设置和用户文件等。因为克隆之前会先创建一个快照，所以克隆过程不会影响原虚拟机，并且 vCenter 会生成与原虚拟机不同的 MAC 地址和 UUID（通用唯一识别码），这样克隆后的虚拟机就可以独立存在，并允许与原虚拟机在同一个网络中而互不冲突。当然，在克隆过程中也可以通过向导进行一些自定义属性设置，如 IP 地址、计算机名称、用户等。

　　注意：如果克隆的原虚拟机是一个完整的操作系统或未封装的系统，那么克隆出来的虚拟机和原虚拟机将具有相同的 SID（唯一标识系统和用户），此时它们不能在同一个域中共存，所以克隆虚拟机要按自己的环境需求，或者先对要克隆的虚拟机进行封装准备。克隆完成后的错误提示是因为没有创建新的 SID。

6.4　虚拟机模板

　　虚拟机模板是虚拟机的主副本，用于创建新的虚拟机。模板通常包含已安装的操作系统和配置信息，以及一组应用程序。模板通常与"自定义规范"功能一起使用以用于实现自动封装系统和自动应答虚拟机操作，达到批量快速部署的目的。

　　注意：对于虚拟机客户操作系统为 Windows 2003 及以下的版本，需要预先把相应版本的 Sysprep 工具复制到 vCenter 服务器的 C:\users\all users\VMware\VMware VirtualCenter\sysprep 路径下，这样才能设置自定义规范。设置自定义规范时要勾选"生成新的安全 ID（SID）"复选框，然后通过模板结合自定义规范部署虚拟机。另外如果要自定义 Linux 客户操作系统，就必须要求客户机支持 Perl 语言。我们还可以通过模板和自定义规范部署虚拟机，首先创建自定义规范条目，然后使用模板部署虚拟机，并使用自定义规范。

6.5　虚拟机快照

　　虚拟机快照是让虚拟机可以恢复到之前某一时间点状态的技术，一旦虚拟机的客户操作系统出现问题就可以利用该技术恢复到某个正常工作的快照状态。虚拟机快照技术只用于故障恢复，但不能用于长期备份。

项目实施

任务 6-1 创建应用服务器区域的虚拟机

扫一扫，看微课

► **任务规划**

在虚拟化应用服务器区域（ESXi-2 主机），创建指定的虚拟机 WEB 和 MAIL。
（1）在 ESXi-2 主机上创建 WEB 虚拟机；
（2）在 ESXi-2 主机上创建 MAIL 虚拟机。

► **任务实施**

1. 在 ESXi-2 主机上创建 WEB 虚拟机

（1）在【vSphere Client】管理界面的导航栏中，选中数据中心【Jan16】并右击，在弹出的快捷菜单中单击【新建虚拟机】选项，如图 6-3 所示 。

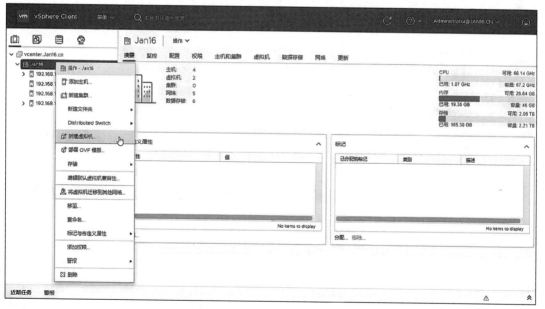

图 6-3 【vSphere Client】管理界面

（2）在【选择创建类型】界面中，单击【创建新虚拟机】选项，如图 6-4 所示，单击【NEXT】按钮。

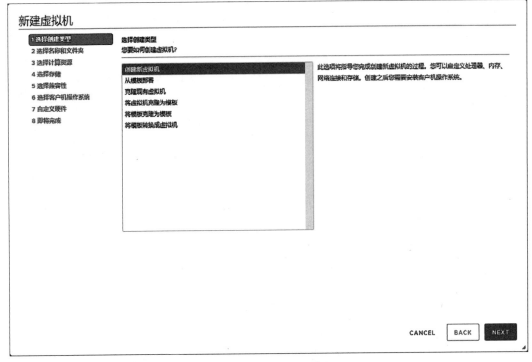

图 6-4　【选择创建类型】界面

（3）在【选择名称和文件夹】界面中，配置【虚拟机名称】为【WEB】，并设置虚拟机的位置为数据中心【Jan16】，如图 6-5 所示，单击【NEXT】按钮。

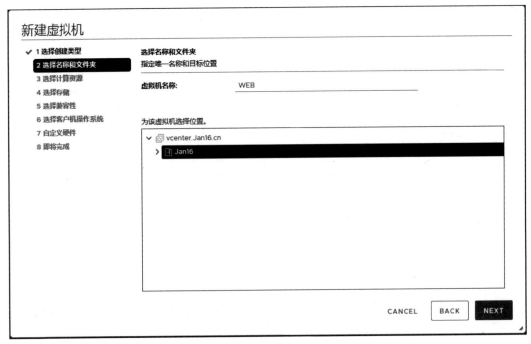

图 6-5　【选择名称和文件夹】界面

（4）在【选择计算资源】界面中，选择虚拟机部署的位置【192.168.1.2】，如图 6-6 所示，单击【NEXT】按钮。

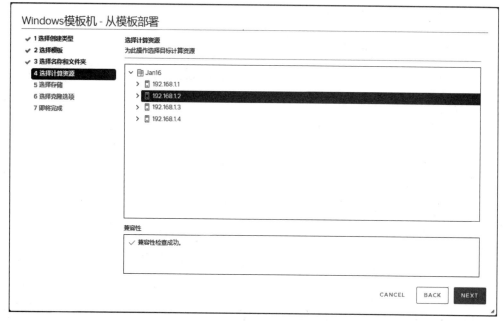

图 6-6　【选择计算资源】界面

（5）在【选择存储】界面中，将虚拟机 WEB 的配置文件与存储文件存放在本地存储【datastore1 (1)】内，如图 6-7 所示，单击【NEXT】按钮。

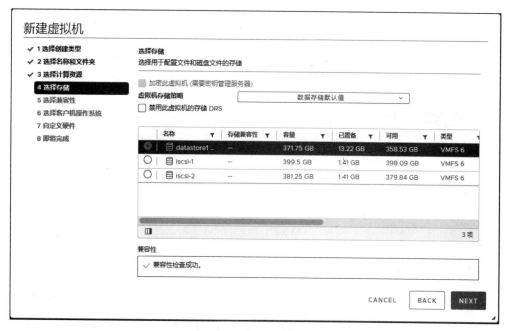

图 6-7　【选择存储】界面

（6）在【选择兼容性】界面中，设置【兼容】为【ESXi 7.0 U2 及更高版本】（保持默认参数），如图 6-8 所示，单击【NEXT】按钮。

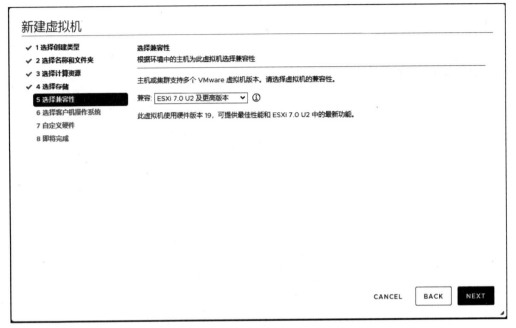

图 6-8 【选择兼容性】界面

（7）在【选择客户机操作系统】界面中，设置【客户机操作系统系列】为【Linux】，【客户机操作系统版本】为【CentOS 8（64 位）】，如图 6-9 所示，单击【NEXT】按钮。

图 6-9 【选择客户机操作系统】界面

（8）在【自定义硬件】界面中，设置【CPU】为【1】、【内存】为【2GB】、【新硬盘】为【20GB】、【磁盘置备】为【精简置备】，如图 6-10 所示，单击【NEXT】按钮。

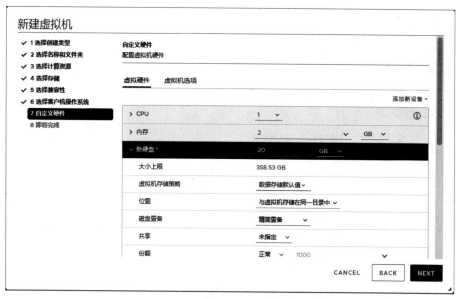

图 6-10　【自定义硬件】界面

（9）在弹出的【选择文件】窗口中，找到并选中光盘镜像文件【CentOS-8.2.2004-x86_64-dvd1.iso】，随后单击【确认】按钮，如图 6-11 所示。

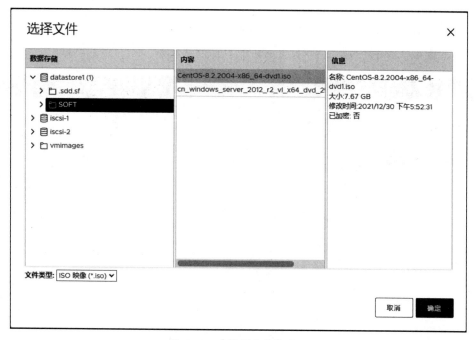

图 6-11　【选择文件】窗口

（10）在【即将完成】界面中，检查配置信息无误后，单击【FINISH】按钮，如图 6-12 所示。

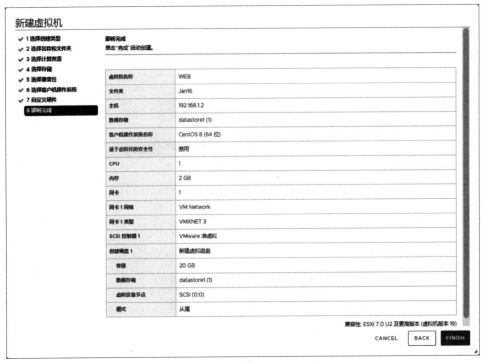

图 6-12　【即将完成】界面

（11）在【vSphere Client】管理界面的导航栏中，找到【192.168.1.2】（ESXi-2）主机，查看新建的虚拟机 WEB，如图 6-13 所示。

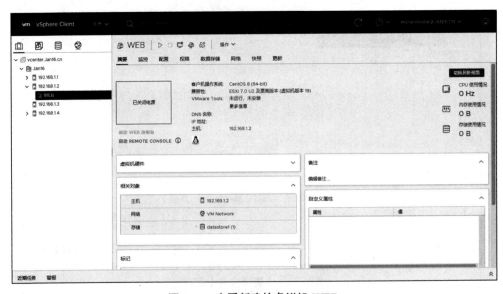

图 6-13　查看新建的虚拟机 WEB

2. 在 ESXi-2 主机上创建 MAIL 虚拟机

（1）在【vSphere Client】管理界面的导航栏中，选中数据中心【Jan16】并右击，在弹出的快捷菜单中单击【新建虚拟机】选项。

（2）在【选择创建类型】界面中，单击【创建新虚拟机】选项，单击【NEXT】按钮。

（3）在【选择名称和文件夹】界面中，配置【虚拟机名称】为【MAIL】，并设置虚拟机的位置为数据中心【Jan16】，如图 6-14 所示，单击【NEXT】按钮。

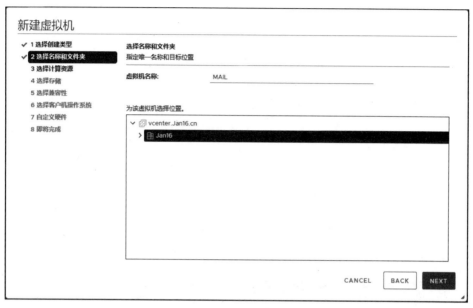

图 6-14　【选择名称和文件夹】界面

（4）在【选择计算资源】界面中，选择虚拟机部署的位置【192.168.1.2】，单击【NEXT】按钮。

（5）在【选择存储】界面中，将虚拟机 MAIL 的配置文件与存储文件存放在本地存储【datastore1 (1)】内，单击【NEXT】按钮。

（6）在【选择兼容性】界面中，设置【兼容】为【ESXi 7.0 U2 及更高版本】（保持默认参数），单击【NEXT】按钮。

（7）在【选择客户机操作系统】界面中，设置【客户机操作系统系列】为【Linux】,【客户机操作系统版本】为【CentOS 8（64 位）】，单击【NEXT】按钮。

（8）在【自定义硬件】界面中，设置【CPU】为【1】,【内存】为【2GB】,【新硬盘】为【20GB】、【磁盘置备】为【精简置备】，设置【新的 CD/DVD 驱动器】为【数据存储 ISO 文件】。

（9）在弹出的【选择文件】窗口中，找到并选中光盘镜像文件【CentOS-8.2.2004-x86_64-dvd1.iso】，随后单击【确认】按钮。

（10）在【即将完成】界面中，检查配置信息无误后，单击【FINISH】按钮，如图 6-15 所示。

基于 VMware vSphere 7.0 的虚拟化技术项目化教程

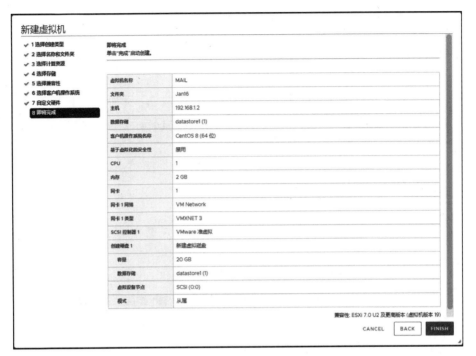

图 6-15　【即将完成】界面

（11）在【vSphere Client】管理界面的导航栏中，找到【192.168.1.2】（ESXi-2）主机，查看新建的虚拟机【MAIL】，如图 6-16 所示。

图 6-16　查看新建的虚拟机 MAIL

▶ 任务验证

（1）在【vSphere Client】管理界面的导航栏中，找到并展开【192.168.1.2】（ESXi-2）

主机；选中虚拟机【WEB】，单击【打开电源】按钮，如图 6-17 所示。

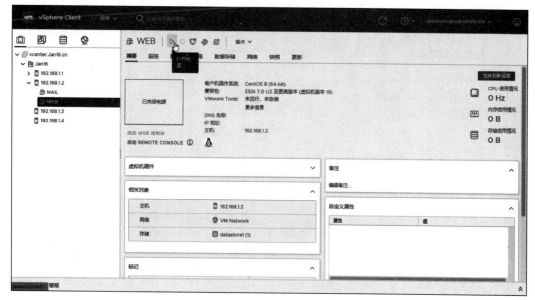

图 6-17　启动虚拟机 WEB

（2）虚拟机 WEB 开始运行，如图 6-18 所示。此时单击【启动 WEB 控制台】，可以对该虚拟机进行配置。

图 6-18　虚拟机 WEB 正常运行

（3）在【vSphere Client】管理界面的导航栏中，找到并展开【192.168.1.2】（ESXi-2）主机；选中虚拟机【MAIL】，单击【打开电源】按钮（或右击【MAIL】，在弹出的快捷菜单中单击【启动】→【打开电源】选项），如图 6-19 所示。

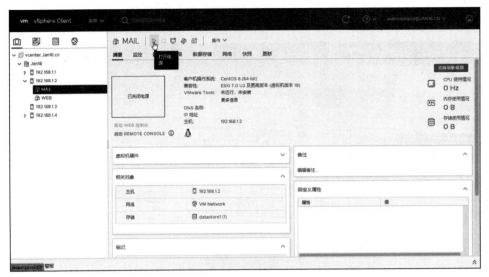

图 6-19 启动虚拟机 MAIL

（4）虚拟机 MAIL 开始运行，如图 6-20 所示，此时单击【启动 WEB 控制台】，可以对该虚拟机进行配置。

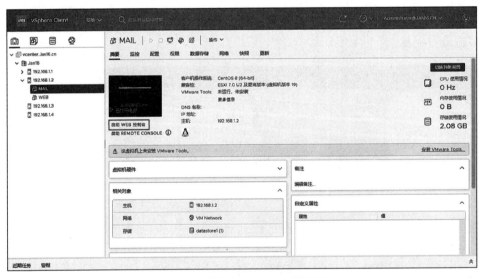

图 6-20 虚拟机 MAIL 正常运行

任务 6-2 制作模板机

扫一扫，看微课

▶ 任务规划

在 VMware vSphere 管理平台，根据项目规划，创建指定虚拟机，并将其转换成模板。

（1）在 ESXi-3 主机上，新建 Linux 模板机；

（2）在 ESXi-3 主机上，新建 Windows 模板机；

（3）将 Linux 模板机和 Windows 模板机转换成模板。

▶ 任务实施

1. 在 ESXi-3 主机上，新建 Linux 模板机

（1）在【vSphere Client】管理界面的导航栏中，选中数据中心【Jan16】并右击，在弹出的快捷菜单中单击【新建虚拟机】选项，如图 6-21 所示。

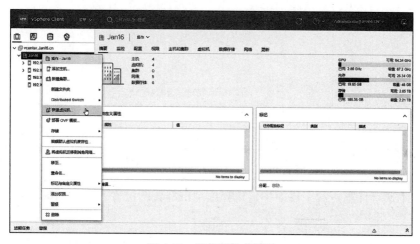

图 6-21 即将新建虚拟机

（2）在【选择创建类型】界面中，单击【创建新虚拟机】选项，如图 6-22 所示。

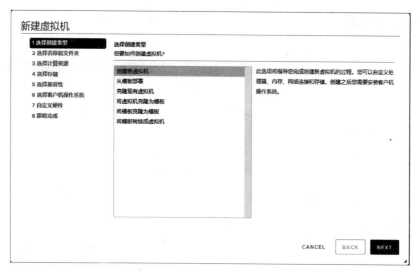

图 6-22 【选择创建类型】界面

（3）在【选择名称和文件夹】界面中，配置【虚拟机名称】为【Linux 模板机】，并设置虚拟机的位置为数据中心【Jan16】，如图 6-23 所示。

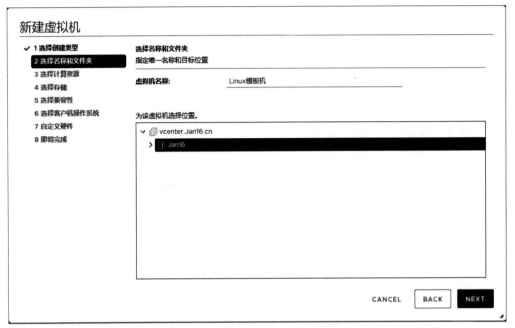

图 6-23 【选择名称和文件夹】界面

（4）在【选择计算资源】界面中，选择虚拟机部署的位置为【192.168.1.3】，如图 6-24 所示。

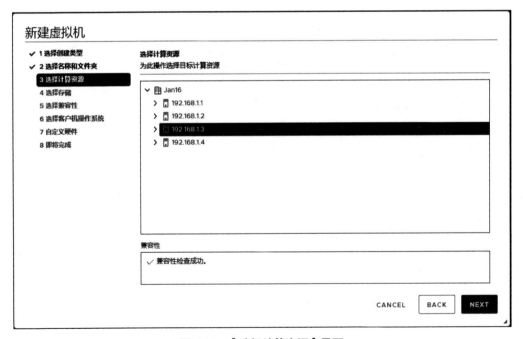

图 6-24 【选择计算资源】界面

（5）在【选择存储】界面中，将 Linux 模板机的配置文件与存储文件存放在共享存储【iscsi-1】内，如图 6-25 所示。

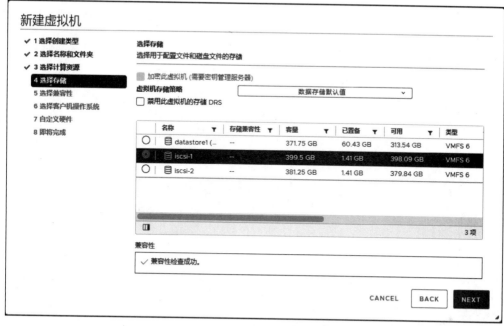

图 6-25　【选择存储】界面

（6）在【选择兼容性】界面中，设置【兼容】为【ESXi 7.0 U2 及更高版本】（保持默认参数），如图 6-26 所示。

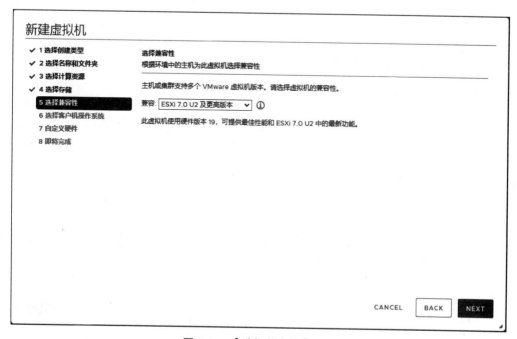

图 6-26　【选择兼容性】界面

（7）在【选择客户机操作系统】界面中，设置【客户机操作系统系列】为【Linux】，【客户机操作系统版本】为【CentOS 8（64 位）】，如图 6-27 所示。

图 6-27　【选择客户机操作系统】界面

（8）在【自定义硬件】界面中，设置【CPU】为【1】、【内存】为【2GB】、【新硬盘】为【20GB】（磁盘置备设置为【精简置备】），设置【新的 CD/DVD 驱动器】为【数据存储 ISO 文件】，如图 6-28 所示。

图 6-28　【自定义硬件】界面

（9）在弹出的【选择文件】窗口中，找到并选中光盘镜像文件【CentOS-8.2.2004-x86_64-dvd1.iso】，随后单击【确定】按钮，如图 6-29 所示。

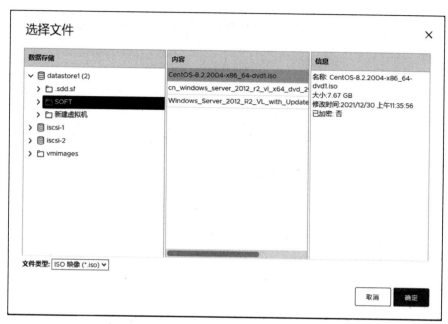

图 6-29　【选择文件】窗口

（10）在【即将完成】界面中，检查配置信息无误后，单击【FINISH】按钮，如图 6-30 所示。

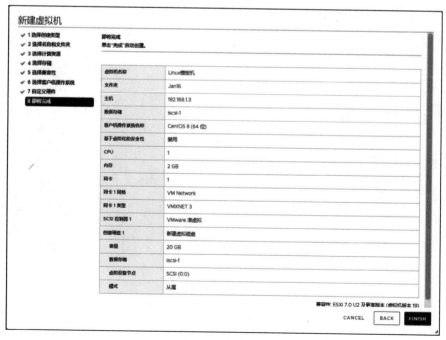

图 6-30　【即将完成】界面

（11）在【vSphere Client】管理界面的导航栏中，找到【192.168.1.3】（ESXi-3 主机），查看已新建好的 Linux 模板机，如图 6-31 所示。

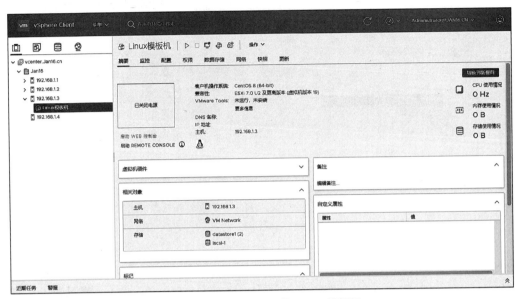

图 6-31 查看已新建好的 Linux 模板机

（12）打开 Linux 模板机的电源，单击【启动 WEB 控制台】，依照规划执行系统的安装操作，如图 6-32 所示。

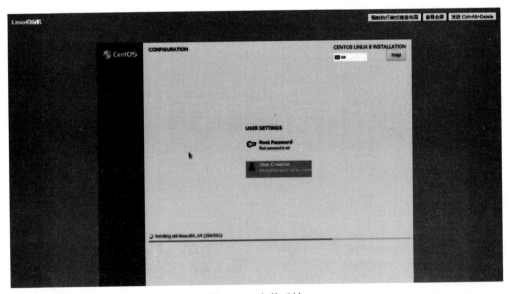

图 6-32 安装系统

（13）系统安装完成后，依照提示重启虚拟机。为了避免网卡 ID 冲突，需要以 root 身份删除网卡配置文件的 UUID 参数并保存，如图 6-33 所示（图中为 CentOS 8 的网卡配置文件示例）。随后关闭该虚拟机的电源，如图 6-34 所示。

```
TYPE=Ethernet                         TYPE=Ethernet
PROXY_METHOD=none                     PROXY_METHOD=none
BROWSER_ONLY=no                       BROWSER_ONLY=no
BOOTPROTO=dhcp                        BOOTPROTO=dhcp
DEFROUTE=yes                          DEFROUTE=yes
IPV4_FAILURE_FATAL=no                 IPV4_FAILURE_FATAL=no
IPV6INIT=yes                          IPV6INIT=yes
IPV6_AUTOCONF=yes                     IPV6_AUTOCONF=yes
IPV6_DEFROUTE=yes                     IPV6_DEFROUTE=yes
IPV6_FAILURE_FATAL=no                 IPV6_FAILURE_FATAL=no
IPV6_ADDR_GEN_MODE=stable-privacy     IPV6_ADDR_GEN_MODE=stable-privacy
NAME=ens192                           NAME=ens192
UUID=d48e867b-4253-46a0-8f6e-c3496d3d7d8d   DEVICE=ens192
DEVICE=ens192                         ONBOOT=yes
ONBOOT=yes                            IPV6_PRIVACY=no
IPV6_PRIVACY=no
```

图 6-33　删除 UUID 前（左）与删除 UUID 后（右）

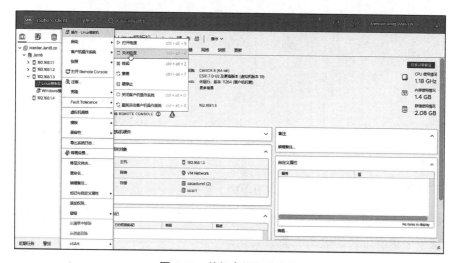

图 6-34　关闭虚拟机的电源

（14）移除操作系统的安装光盘，选中【Linux 模板机】并右击，在弹出的快捷菜单中，单击【编辑设置】选项，如图 6-35 所示。

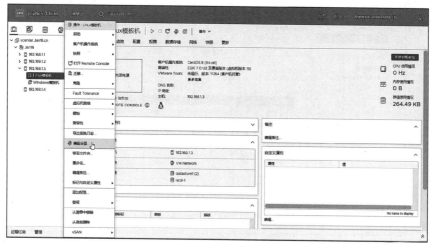

图 6-35　编辑虚拟机设置

（15）在【编辑设置】窗口中，将【CD/DVD 驱动器 1】设置成【客户端设备】，如图 6-36 所示。

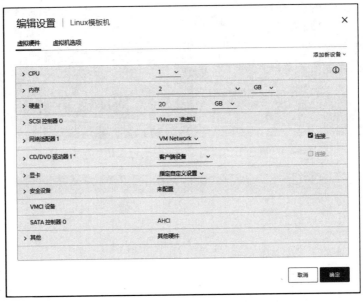

图 6-36 【编辑设置】窗口

2. 在 ESXi-3 主机上，新建 Windows 模板机

（1）在【vSphere Client】管理界面的导航栏中，选中数据中心【Jan16】并右击，在弹出的快捷菜单中单击【新建虚拟机】选项。

（2）在【选择创建类型】界面中，单击【创建新虚拟机】选项。

（3）在【选择名称和文件夹】界面中，配置【虚拟机名称】为【Windows 模板机】，并设置虚拟机的位置为数据中心【Jan16】，如图 6-37 所示。

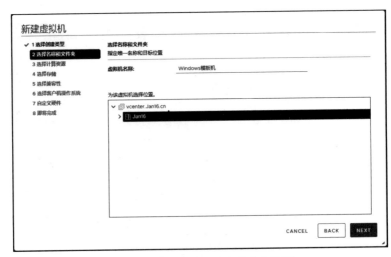

图 6-37 【选择名称和文件夹】界面

（4）在【选择计算资源】界面中，选择虚拟机部署的位置为【192.168.1.3】。

（5）在【选择存储】界面中，将 Windows 模板机的配置文件与存储文件存放在共享存储【iscsi-1】内。

（6）在【选择兼容性】界面中，设置【兼容】为【ESXi 7.0 U2 及更高版本】（保持默认参数）。

（7）在【选择客户机操作系统】界面中，设置【客户机操作系统系列】为【Windows】，【客户机操作系统版本】为【Microsoft Windows Server 2012（64 位）】，如图 6-38 所示。

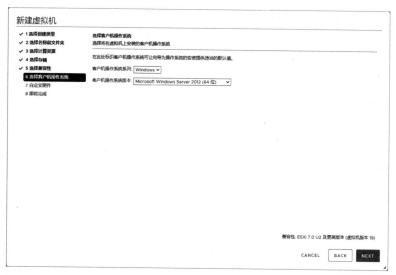

图 6-38　【选择客户机操作系统】界面

（8）在【自定义硬件】界面中，设置【CPU】为【1】、【内存】为【2GB】、【新硬盘】为【40GB】，设置【新的 CD/DVD 驱动器】为【数据存储 ISO 文件】，其余参数保持默认设置，如图 6-39 所示。

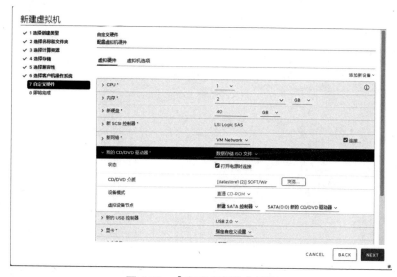

图 6-39　【自定义硬件】界面

（9）在【选择文件】窗口中，选中光盘镜像文件【Windows_Server_2012_R2_VL_with_Update.iso】，随后单击【确定】按钮，如图6-40所示。

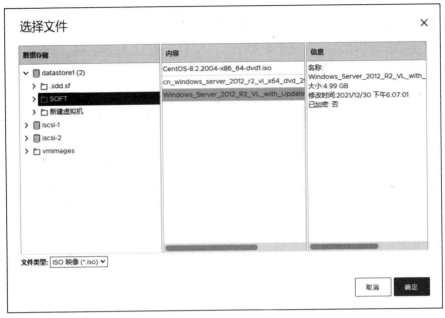

图 6-40　【选择文件】窗口

（10）在【即将完成】界面中，检查配置信息无误后，单击【FINISH】按钮，如图6-41所示。

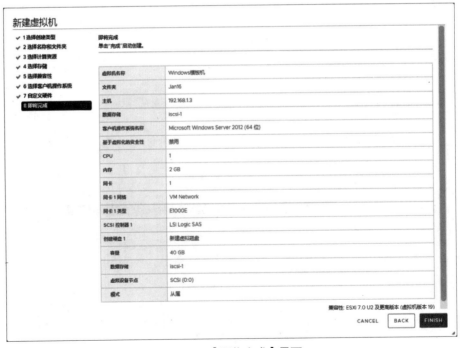

图 6-41　【即将完成】界面

（11）在【vSphere Client】管理界面的导航栏中，找到【192.168.1.3】（ESXi-3 主机），查看已新建好的 Windows 模板机，如图 6-42 所示。

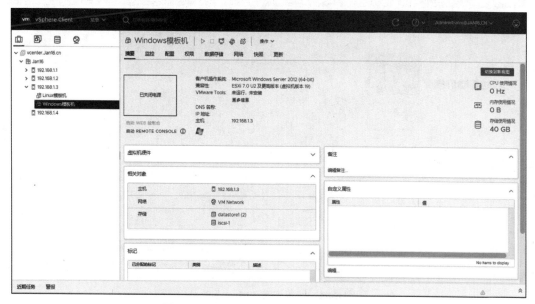

图 6-42　查看已新建好的 Windows 模板机

（12）打开 Windows 模板机的电源，单击【启动 WEB 控制台】，依照规划执行系统的安装操作，如图 6-43 所示。

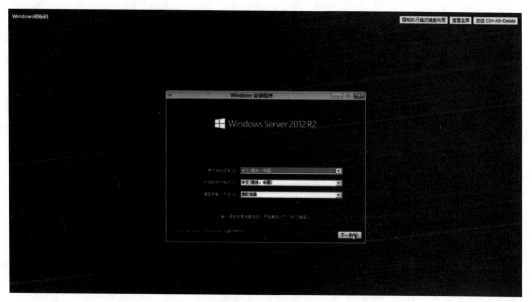

图 6-43　安装系统

（13）当虚拟机安装完系统并进入系统桌面时，返回到【vSphere Client】管理界面的导航栏中，找到【Windows 模板机】并选中，会提示【该虚拟机上未安装 VMware Tools】，单击右侧的【安装 VMware Tools】链接，如图 6-44 所示。

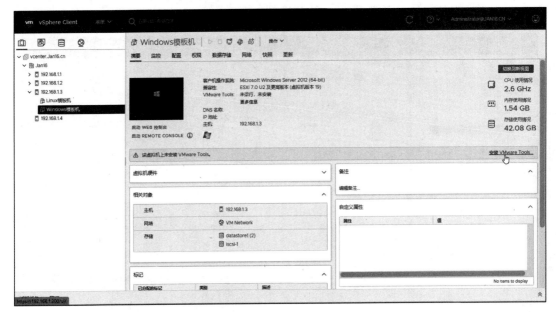

图 6-44 即将安装 VMware Tools

（14）此时会弹出【安装 VMware Tools】窗口，单击【挂载】按钮，如图 6-45 所示。

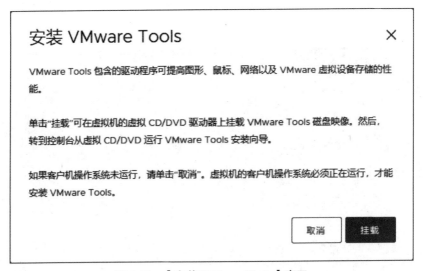

图 6-45 【安装 VMware Tools】窗口

（15）返回 Windows 模板机的 WEB 控制台，依照提示，安装 VMware Tools（安装完成后需要重启系统），如图 6-46 所示。

（16）为了避免系统 UUID 冲突，需要使用 Sysprep 工具对 UUID 进行清除操作。在开始菜单中打开【运行】窗口，并输入【sysprep】后单击【确定】按钮，在弹出的资源管理器中打开 sysprep.exe 文件，设置【系统清理操作】为【进入系统全新体验】，勾选【通用】

复选框，设置【关机选项】为【关机】，随后单击【确定】按钮，如图 6-47 所示。UUID 信息清除完成后会自动关闭虚拟机，如图 6-48 所示。

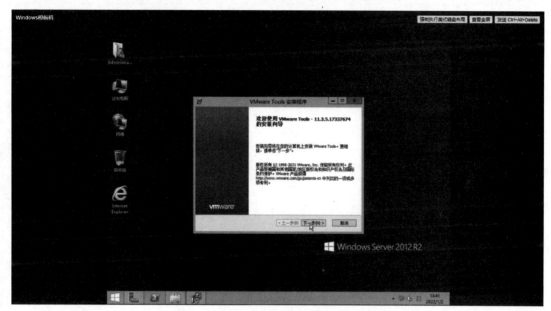

图 6-46　为 Windows 模板机安装 VMware Tools

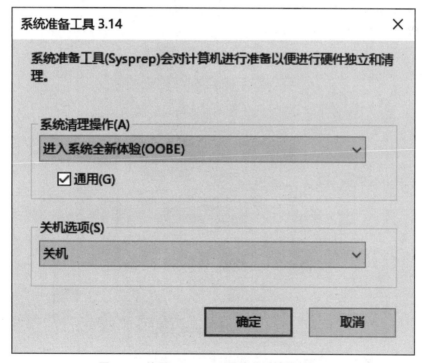

图 6-47　使用 Sysprep 工具清除系统的 UUID

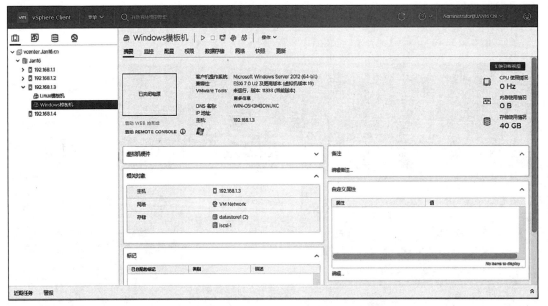

图 6-48　清除完成后，系统会自动关闭虚拟机

（17）移除操作系统的安装光盘，选中【Windows 模板机】并右击，在弹出的快捷菜单中单击【编辑设置】选项，在弹出的【编辑设置】窗口中将【CD/DVD 驱动器 1】设置成【客户端设备】，如图 6-49 所示。

图 6-49　【编辑设置】窗口

3. 将 Linux 模板机和 Windows 模板机转换成模板

（1）在【vSphere Client】管理界面的导航栏中，找到【Linux 模板机】并右击，在弹出的快捷菜单中依次单击【模板】→【转换成模板】选项，如图 6-50 所示。

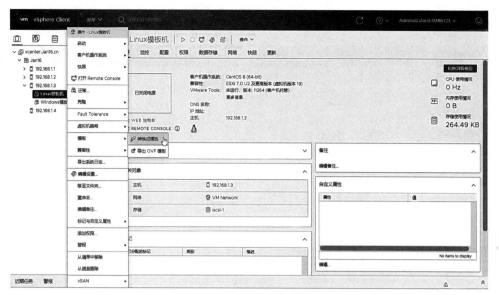

图 6-50　将虚拟机转换成模板

（2）在【确认转换】界面中，单击【是】按钮，如图 6-51 所示。

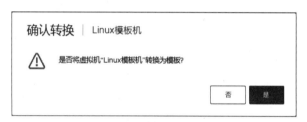

图 6-51　【确认转换】界面

（3）此时，Linux 模板机被转换成模板，虚拟机列表中已无此虚拟机，如图 6-52 所示。

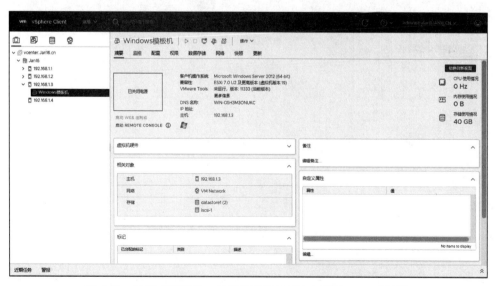

图 6-52　转换成模板后，虚拟机列表中无法查看到 Linux 模板机

基于 VMware vSphere 7.0 的虚拟化技术项目化教程

（4）参照上述步骤，对 Windows 模板机进行模板转换操作，如图 6-53 所示。

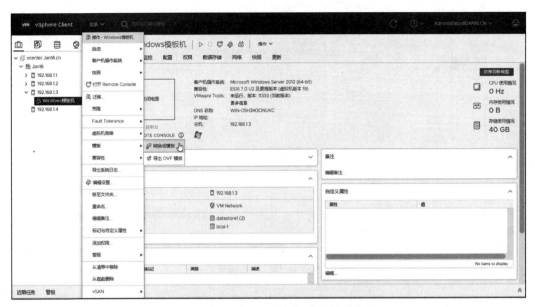

图 6-53　将 Windows 模板机也转换成模板

▶ 任务验证

在【vSphere Client】管理界面的导航栏中，选中数据中心【Jan16】，依次单击【虚拟机】→【虚拟机模板】选项，可以看到制作好的两台模板机：Linux 模板机和 Windows 模板机，如图 6-54 所示。

图 6-54　查看已创建好的模板机

任务 6-3　通过模板机部署虚拟机

扫一扫，看微课

▶ 任务规划

在 VMware vSphere 管理平台上，通过之前创建好的模板机，根据项目规划部署新的虚拟机。

（1）使用 Windows 模板机部署虚拟机 Server_1；

（2）使用 Windows 模板机部署虚拟机 Server_2。

▶ 任务实施

1. 使用 Windows 模板机部署虚拟机 Server_1

（1）在【vSphere Client】管理界面的导航栏中，选中数据中心【Jan16】并右击，在弹出的快捷菜单中单击【新建虚拟机】选项，如图 6-55 所示。

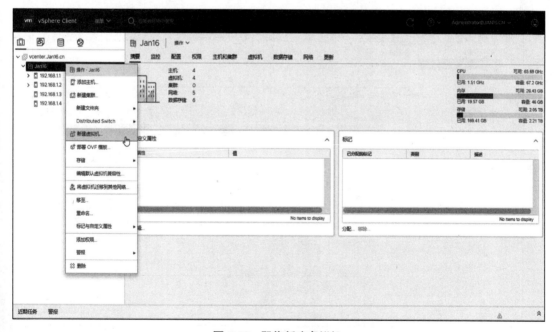

图 6-55　即将新建虚拟机

（2）在【选择创建类型】界面中，单击【从模板部署】选项，如图 6-56 所示，单击【NEXT】按钮。

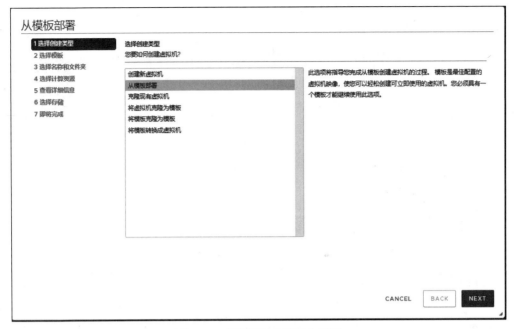

图 6-56　【选择创建类型】界面

（3）在【选择模板】界面中，单击【数据中心】选项，找到【Windows 模板机】并选中，如图 6-57 所示，单击【NEXT】按钮。

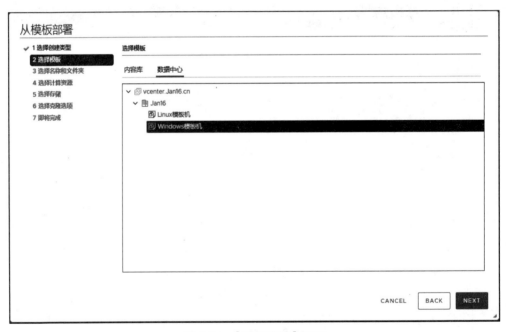

图 6-57　【选择模板】界面

（4）在【选择名称和文件夹】界面中，配置【虚拟机名称】为【Server_1】，并设置虚拟机的位置为数据中心【Jan16】，如图 6-58 所示，单击【NEXT】按钮。

图 6-58　【选择名称和文件夹】界面

（5）在【选择计算资源】界面中，选择虚拟机部署的位置为【192.168.1.2】，如图 6-59所示，单击【NEXT】按钮。

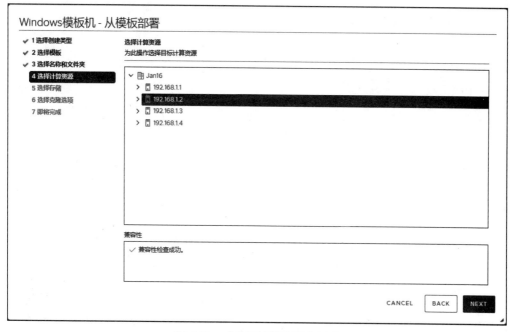

图 6-59　【选择计算资源】界面

（6）在【选择存储】界面中，将虚拟机 Server_1 的配置文件与存储文件存放在共享存储【iscsi-1】内，如图 6-60 所示，单击【NEXT】按钮。

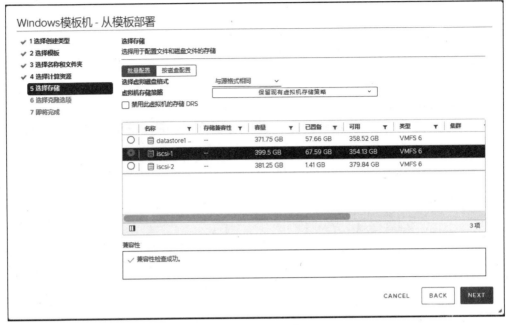

图 6-60　【选择存储】界面

（7）在【选择克隆选项】界面中，勾选【自定义此虚拟机的硬件】复选框，如图 6-61 所示，单击【NEXT】按钮。

图 6-61　【选择克隆选项】界面

（8）在【自定义硬件】界面中，设置【内存】为【1GB】，其他参数保持默认配置即可，如图 6-62 所示，单击【NEXT】按钮。

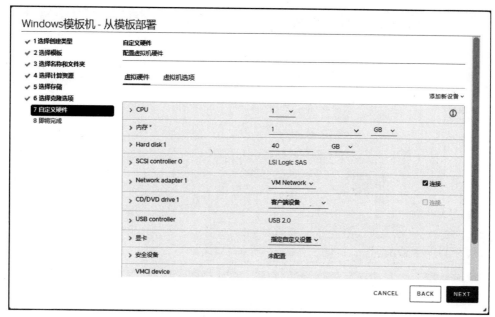

图 6-62 【自定义硬件】界面

（9）在【即将完成】界面中，检查配置信息无误后，单击【FINISH】按钮，如图 6-63 所示。

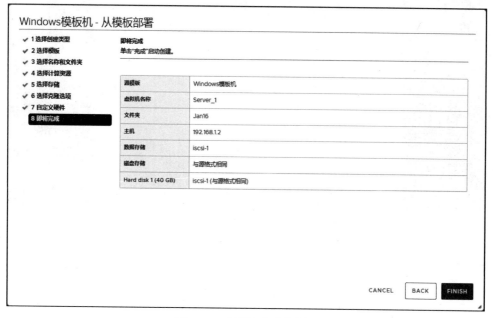

图 6-63 【即将完成】界面

（10）vSphere 将会使用 Windows 模板机克隆出虚拟机 Server_1，并置于 ESXi-2 主机上，如图 6-64 所示。

（11）克隆完成后，打开虚拟机 Server_1 的电源，并进入 WEB 控制台。根据项目规划为虚拟机 Server_1 配置 IP 地址，如图 6-65 所示。

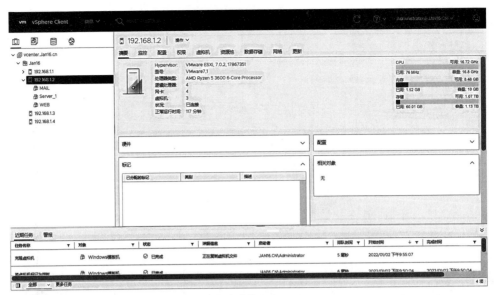

图 6-64　克隆出虚拟机 Server_1

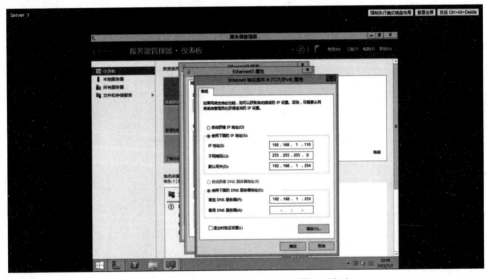

图 6-65　为虚拟机 Server_1 配置 IP 地址

2. 使用 Windows 模板机部署虚拟机 Server_2

（1）在【vSphere Client】管理界面的导航栏中，选中数据中心【Jan16】并右击，在弹出的快捷菜单中单击【新建虚拟机】选项。

（2）在【选择创建类型】界面中，单击【从模板部署】选项，单击【NEXT】按钮。

（3）在【选择模板】界面中，单击【数据中心】，找到【Windows 模板机】并选中，单击【NEXT】按钮。

（4）在【选择名称和文件夹】界面中，配置【虚拟机名称】为【Server_2】，并设置虚拟机的位置为数据中心【Jan16】，如图 6-66 所示，单击【NEXT】按钮。

图 6-66　【选择名称和文件夹】界面

（5）在【选择计算资源】界面中，选择虚拟机部署的位置为【192.168.1.3】，单击【NEXT】按钮。

（6）在【选择存储】界面中，将虚拟机 Server_2 的配置文件与存储文件存放在【iscsi-1】内，如图 6-67 所示，单击【NEXT】按钮。

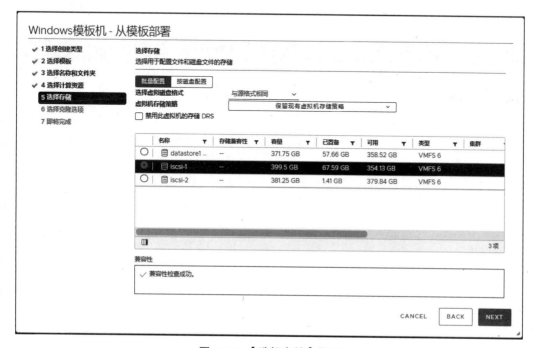

图 6-67　【选择存储】界面

（7）在【选择克隆选项】界面中，勾选【自定义此虚拟机的硬件】复选框，单击【NEXT】按钮。

（8）在【自定义硬件】界面中，设置【内存】为【1GB】，其他参数保持默认配置即可，单击【NEXT】按钮。

（9）在【即将完成】界面中，检查配置信息无误后，单击【FINISH】按钮，如图 6-68 所示。

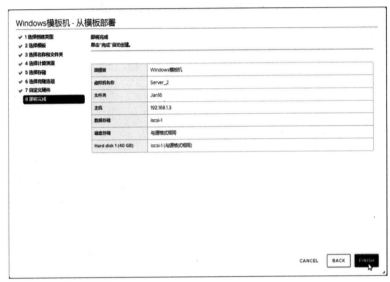

图 6-68　【即将完成】选项

（10）vSphere 将会使用 Windows 模板机克隆出虚拟机 Server_2，并置于 ESXi-3 主机上，如图 6-69 所示。

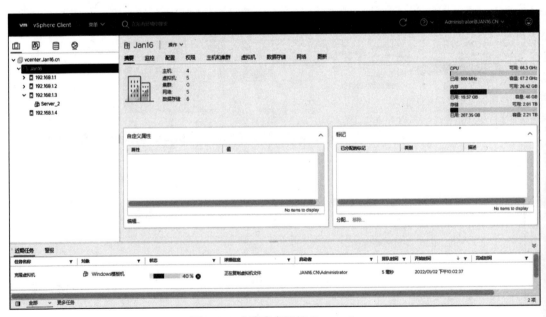

图 6-69　克隆出虚拟机 Server_2

（11）克隆完成后，打开虚拟机 Server_2 的电源，并进入 WEB 控制台。根据项目规划为 Server_2 虚拟机配置 IP 地址，如图 6-70 所示。

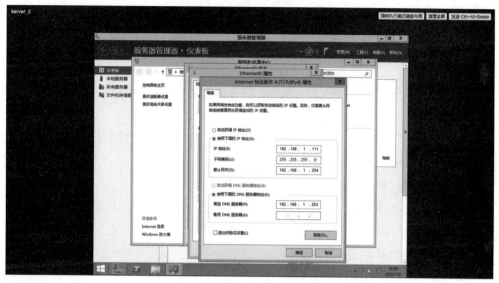

图 6-70 为虚拟机 Server_2 配置 IP 地址

▶ 任务验证

在【vSphere Client】管理界面的导航栏中，选择数据中心【Jan16】，依次单击【虚拟机】→【虚拟机】选项，可以看到新克隆的虚拟机：Server_1 和 Server_2，如图 6-71 所示。

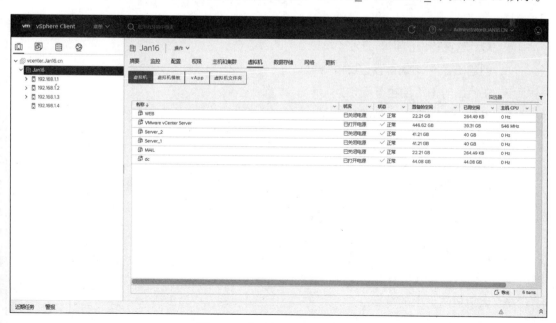

图 6-71 查看新克隆的虚拟机

课 后 练 习 题

选择题

1. 管理员的许多任务与管理主机有关，请在以下选项中选择两项。（　　）（多选题）

A. 创建安全策略   B. 监控性能

C. 修补虚拟化管理程序   D. 创建门户让用户访问其虚拟机

2. 链接克隆的特点是什么？（　　）

A. 链接克隆消耗的数据存储空间比完整克隆多

B. 链接克隆需要的创建时间比完整克隆长

C. 链接克隆用于减少虚拟桌面的补修和更新操作

D. 链接克隆可以从物理桌面创建

3. 在 ESXi 平台的虚拟机中安装操作系统可以采用哪些方法？（　　）（多选题）

A. ISO 镜像文件安装   B. 模板文件安装

C. 从网络自动安装   D. U 盘安装

4. 以下创建虚拟机模板的方式不正确的是（　　）。

A. 将模板克隆为模板   B. 将虚拟机克隆为模板

C. 将虚拟机转换为模板   D. 将快照转换为模板

5. 创建虚拟机的过程中包括以下哪些硬件的使用？（　　）（多选题）

A. CPU   B. 内存   C. 硬盘   D. 网卡

6. 关于厚置备说法正确的是（　　）。

A. 创建磁盘时，磁盘容量已分配好

B. 在使用时不需要再分配空间

C. 用多少分配多少，提前不分配空间

D. 最大不超过划分磁盘的大小

7. 关于精简置备说法正确的是（　　）。（多选题）

A. 精简置备在创建磁盘时，占用磁盘的空间大小根据实际使用量设计

B. 用多少分配多少，提前不分配空间

C. 对磁盘保留数据不置零

D. 最大不超过划分磁盘的大小

8. 开机的虚拟机快照可以保存以下哪些信息？（　　）（多选题）

A. 虚拟机磁盘上的数据

B. 虚拟机内存中的数据

C. 虚拟机 CPU 中正在运行的指令

D. 虚拟机配置信息

9. 目前通用的虚拟机模板格式是（   ）。

A. nfs   B. vmdk   C. ova   D. ovf

10. 虚拟机克隆后，自身改变的属性包括（   ）。

A. MAC 地址   B. 主机名

C. IP 地址   D. 存储空间大小

项目 7　配置 vCenter Server 高级应用——vMotion

项目学习目标

（1）了解各类型 vMotion（迁移）的特点。

（2）了解 vMotion 的配置需求（如配置专用 VMkernel 适配器）。

（3）熟悉并灵活运用在同一集群内，vMotion 的三种方式。

项目描述

　　工程师小莫认为 Jan16 公司虽然基本完成了虚拟化转型，业务系统也已上线，处于平稳运行中，但仍需提高整个业务系统的稳定性和连续性。例如，将故障或检修主机中处于运行状态或者关闭状态的虚拟机进行迁移的操作是十分必要的。因此工程师小莫决定添加一个 VMkernel 网卡，将管理流量和迁移流量进行分离，为了保障业务的连续性和灵活性，在 VMware vSphere 管理平台上为 ESXi 主机配置 vMotion 功能，并在 ESXi-1 主机、ESXi-2 主机和 ESXi-3 主机中进行冷迁移、热迁移功能的验证，确保 vMotion 功能正确配置，其规划拓扑如图 7-1 所示。

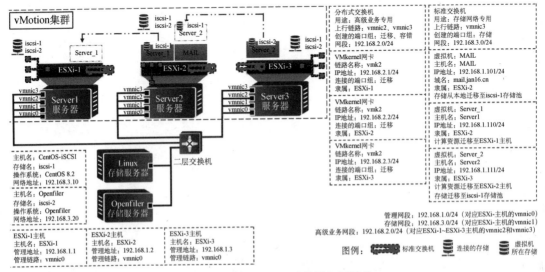

图 7-1　配置 vMotion 功能的规划拓扑

配置 vMotion 功能要求如下。

（1）新建集群，并将需要进行功能验证的 ESXi 主机添加到集群内，随后为 ESXi-1 主机、ESXi-2 主机、ESXi-3 主机添加专用于 vMotion 的 VMkernel 网卡，VMkernel 网卡启用的服务类型为 vMotion。集群参数如表 7-1 所示，三台 ESXi 主机的 VMkernel 网卡参数分别如表 7-2、表 7-3、表 7-4 所示。

表 7-1　集群参数

数据中心名称	集群名称	集群成员
Jan16	Cluster-vMotion	ESXi-1、ESXi-2、ESXi-3

表 7-2　ESXi-1 对应的 VMkernel 网卡参数

主机名	分布式交换机用途	VMkernel 适配器	网络标签	启用服务	VLAN ID	IP 地址（静态）	默认网关	DNS 服务器
ESXi-1	高级业务专用	vmk2	迁移	vMotion	0	192.168.2.1/24	192.168.1.254	192.168.1.253

表 7-3　ESXi-2 对应的 VMkernel 网卡参数

主机名	分布式交换机用途	VMkernel 适配器	网络标签	启用服务	VLAN ID	IP 地址（静态）	默认网关	DNS 服务器
ESXi-2	高级业务专用	vmk2	迁移	vMotion	0	192.168.2.2/24	192.168.1.254	192.168.1.253

表 7-4　ESXi-3 对应的 VMkernel 网卡参数

主机名	分布式交换机用途	VMkernel 适配器	网络标签	启用服务	VLAN ID	IP 地址（静态）	默认网关	DNS 服务器
ESXi-3	高级业务专用	vmk2	迁移	vMotion	0	192.168.2.3/24	192.168.1.254	192.168.1.253

（2）配置完成后先进行冷迁移操作，使用在 ESXi-2 主机上已搭建好的邮件服务器虚拟机，虚拟机数据存储位置为本地，随后关闭虚拟机，并将其本地存储迁移到其中一块共享的 iSCSI 存储中。然后进行热迁移操作。在 ESXi-2 主机中创建一台虚拟机，在开机状态下将虚拟机的计算资源从 ESXi-2 主机迁移至 ESXi-1 主机中。在 ESXi-3 主机上创建一台虚拟机，虚拟机数据存储位置为其中一块共享的 iSCSI 存储，在开机状态下将虚拟机的计算资源从 ESXi-3 主机迁移到 ESXi-2 主机中，并将存储迁移至另一块共享的 iSCSI 存储中。

ESXi-2 主机内虚拟机冷迁移参数如表 7-5 所示，ESXi-2 主机内虚拟机热迁移参数如表 7-6 所示，ESXi-3 主机内虚拟机热迁移参数如表 7-7 所示。

表 7-5　ESXi-2 主机内虚拟机冷迁移参数

虚拟机名称	原始位置	迁移位置	迁移类型	磁盘格式	状　　态
MAIL	datastore1 (1)	iscsi-1	仅更改存储	与源格式相同	Power Off（关机）

表 7-6 ESXi-2 主机内虚拟机热迁移参数

虚拟机名称	原始位置	迁移位置	迁移类型	迁移网络	状 态
Server_1	ESXi-2	ESXi-1	仅更改计算资源	保持默认	Power On（开机）

表 7-7 ESXi-3 主机内虚拟机热迁移参数

虚拟机名称	原始位置	迁移位置	迁移类型	迁移网络	目标存储	状 态
Server_2	ESXi-3	ESXi-2	更改计算资源和存储	保持默认	iscsi-1	Power On（开机）

 项目分析

根据项目需求与项目拓扑，本项目需要完成以下工作任务：

（1）创建集群；

（2）配置 VMkernel 网络；

（3）配置 vMotion（冷迁移：仅更改存储）；

（4）配置 vMotion（热迁移：仅更改计算资源）；

（5）配置 vMotion（热迁移：同时更改计算资源和存储）。

相关知识

1. vMotion 简介

vMotion 是由 VMware 开发的一种独特技术，该技术通过对服务器、存储和网络设备的全面虚拟化，可将正在运行的虚拟机整体从一台服务器全部且快速迁移至另一台服务器上。

vMotion 使用 VMware 集群文件系统（VMFS），以便对虚拟机存储进行访问和管理。在使用 vMotion 技术进行实时迁移的过程中，虚拟机正在使用的内存数据及执行状态，将通过高速网络从一台服务器迁移到另一台服务器上；同时，虚拟机的数据存储位置也会立刻切换到新的物理主机上。由于网络已被 VMware ESXi 虚拟化，故虚拟机会保留原本的配置与连接状态，从而实现无缝迁移。

2. 虚拟机迁移的 5 种类型

（1）冷迁移：将关闭电源的虚拟机迁移到新的物理主机或数据存储中。

（2）挂起：将挂起的虚拟机迁移到新的物理主机或数据存储中（挂起可记录当前虚拟机的状态，待下次恢复时将虚拟机还原到挂起时的状态）。

（3）vSphere vMotion（迁移）：将已经启动的虚拟机迁移到新的物理主机中。

（4）vSphere Storage vMotion（数据迁移）：将已经启动的虚拟机的数据迁移到新的存储中。

在部署虚拟化之后，若发现存储的空间不足，或需对存储进行维护时，就需要进行 Storage vMotion。不同于虚拟机的 vMotion，Storage vMotion 迁移的是虚拟机存储的位置，而非虚拟机内存的运行位置。因为虚拟机在 ESXi 主机中以文件的形式存在，故 Storage vMotion 就是将虚拟机的文件从 A 存储迁移到 B 存储的过程。

（5）不共享的 vSphere vMotion：将一个已启动的虚拟机的数据和主机同时迁移到新的存储和物理主机中。

3. vMotion 的工作原理

使用 vMotion 技术将虚拟机从一台服务器实时迁移到另外一台服务器的过程是通过以下三种基础技术实现的。

（1）虚拟机的整个状态以一组文件的形式存储在共享存储【如 iSCSI 存储区域网络（SAN）或网络连接存储（NAS）】中。VMware 集群文件系统允许安装多个 ESXi 服务器，以便并行访问同一组虚拟机文件。

（2）虚拟机正在使用的内存数据及执行状态通过高速网络传输，故虚拟机能立即从源 ESXi 服务器切换到目标 ESXi 服务器上运行。vMotion 通过动态了解内存状态，确保用户无感知迁移，整个过程在以太网上仅需要花不到两秒钟的时间。

（3）虚拟机使用的网络已被底层虚拟化，以确保迁移前后不影响其网络配置和状态。vMotion 在此过程中接管虚拟 MAC；一旦目标主机被激活，vMotion 就会 Ping 网络路由器，以便知晓对应的新的存储位置。

4. vMotion 的功能

（1）提高整体硬件利用率，更改 ESXi 主机中资源利用率高的虚拟机。

（2）支持整体且连续的虚拟机操作，即在不终止服务的前提下迁移虚拟机。

（3）允许 vSphere DRS（分布式资源调度）在主机之间平衡虚拟机（适用于主机维护、资源动态分配情况）。

5. 利用 vMotion 技术迁移虚拟机的条件和限制

要利用 vMotion 技术迁移虚拟机，虚拟机必须满足特定网络、磁盘、CPU 及其他设备的要求。

（1）源和目标管理网络 IP 协议版本与配置必须匹配。

（2）如果迁移大数据量的虚拟机，那么需要使用更大带宽（如 10Gbps）的网络适配器。

（3）如果该虚拟机已启用"CPU 性能计数器"，那么虚拟机只能迁移到支持"CPU 性能计数器"功能的主机上。

（4）可以迁移"启用 3D 图形"的虚拟机。若将 3D 渲染器设置为"自动"，虚拟机会使用目标主机上显示的图形渲染器（GPU 模拟或硬件显示卡）。而若将 3D 渲染器设置为"硬件"，则目标主机必须安装 GPU（显示芯片）。

（5）当主机连接物理 USB 设备时进行虚拟机迁移，请确保该设备支持 vMotion 功能。

（6）若使用目标主机或者客户机不兼容的虚拟设备（如光驱、软驱等）时，则无法使用 vMotion 功能；此时需要移除不兼容的设备。

6. vMotion 的迁移过程

（1）请求 vMotion 操作时，vCenter Server 会验证虚拟机与 ESXi 主机状态是否稳定；

（2）源 ESXi 主机将虚拟机内存克隆到新的 ESXi 主机上。

（3）源 ESXi 主机将克隆期间发生改变的内存信息记录到内存对应图中（也称心电图）。

（4）当虚拟机内存数据迁移到新的 ESXi 主机后，源 ESXi 主机会使虚拟机处于静止状态（静止状态的时间极为短暂，仅仅一两秒钟），此时虚拟机无法提供服务，然后将内存对应图克隆到新的 ESXi 主机中。

（5）新的 ESXi 主机根据内存对应图恢复内存数据，完成后两台 ESXi 主机对于这台虚拟机的内存就完全一致了。

（6）在新的 ESXi 主机上运行该虚拟机，并在源 ESXi 主机中删除内存数据（自动删除，无须操作）。

7. 执行 vMotion 的兼容性要求

（1）不允许连接只有单台 ESXi 主机才能识别的设备，如光驱、软驱等。

（2）不允许连接没有物理网络的虚拟交换机。

（3）迁移的虚拟机必须存放在外部共享存储中，并且所有的 ESXi 主机均可访问。

（4）ESXi 主机至少有 1 个千兆网卡用于 vMotion 操作。

（5）如果使用标准交换机，就必须确保所有 ESXi 主机的端口组网络标签一致。

（6）所有 ESXi 主机使用的 CPU 厂商必须一致（如 Intel 或 AMD）。

 项目实施

任务 7-1　创建集群

扫一扫，看微课

▶ 任务规划

在 VMware vSphere 管理平台中创建集群，并将需要进行迁移的主机和虚拟机加入集群中。

（1）新建集群；

（2）添加主机。

▶ 任务实施

1. 新建集群

（1）在浏览器中登录 VMware vSphere 管理平台，如图 7-2 所示。

图 7-2　登录 VMware vSphere 管理平台

（2）在【vSphere Client】管理界面的导航栏中右击数据中心【Jan16】，在弹出的快捷菜单中单击【新建集群】选项，如图 7-3 所示。

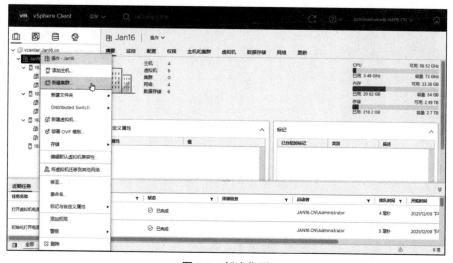

图 7-3　新建集群

（3）在弹出的【基础】窗口中，创建名为【Cluster-vMotion】的集群，如图 7-4 所示。

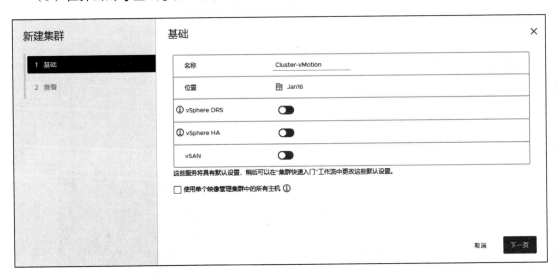

图 7-4　【基础】窗口

（4）在弹出的【查看】窗口中，检查创建的集群信息是否正确，若无问题，则单击【完成】按钮，如图 7-5 所示。

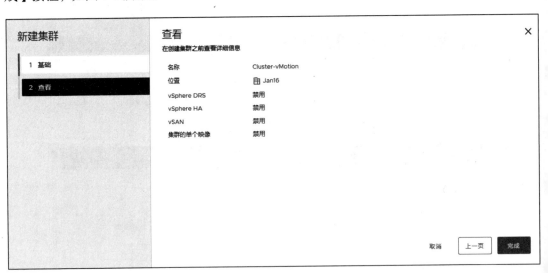

图 7-5　【查看】窗口

2. 添加主机

（1）在【vSphere Client】管理界面的导航栏中右击【Cluster-vMotion】集群，在弹出的快捷菜单中单击【添加主机】选项，如图 7-6 所示。

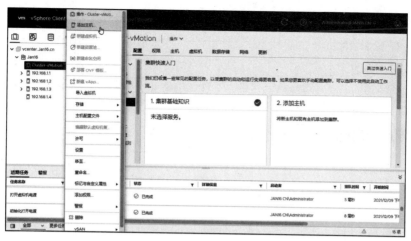

图 7-6　添加主机

（2）在【将新主机和现有主机添加到您的集群】窗口中，单击【现有主机】选项卡，将 IP 地址为【192.168.1.1】【192.168.1.2】【192.168.1.3】的主机添加至集群内，如图 7-7 所示，单击【下一页】按钮。

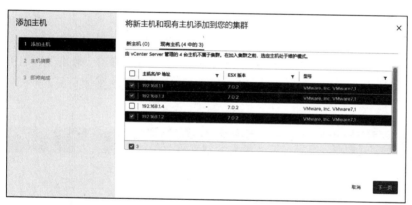

图 7-7　【将新主机和现有主机添加到您的集群】窗口

（3）检查主机摘要信息，如图 7-8 所示，单击【下一页】按钮。

图 7-8　【主机摘要】窗口

（4）确认信息无误后，单击【完成】按钮，如图 7-9 所示。

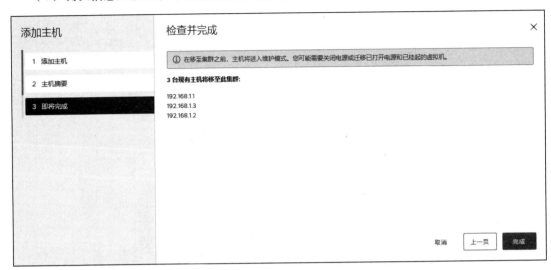

图 7-9　【检查并完成】窗口

▶ 任务验证

在【vSphere Client】管理界面的导航栏中，可以看到 IP 地址为【192.168.1.1】【192.168.1.2】【192.168.1.3】的 ESXi 主机和附带的虚拟机已添加至 Cluster-vMotion 集群中，如图 7-10 所示。

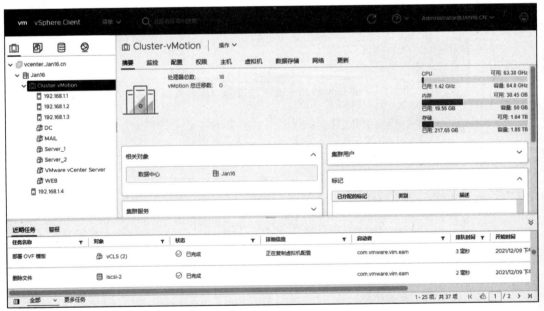

图 7-10　主机和附带的虚拟机已添加至 Cluster-vMotion 集群中

任务 7-2 配置 VMkernel 网络

▶ 任务规划

在 VMware vSphere 管理平台中为三台 ESXi 主机创建专用于 vMotion 网络的 VMkernel 网卡。

（1）为 ESXi-1 主机添加专用网卡；

（2）为 ESXi-2 主机添加专用网卡；

（3）为 ESXi-3 主机添加专用网卡。

▶ 任务实施

1. 为 ESXi-1 主机添加专用网卡

（1）为 ESXi-1 主机配置网络。在 IP 地址为【192.168.1.1】的主机（ESXi-1）的【配置】选项卡下，依次单击【网络】→【VMkernel 适配器】→【添加网络】选项，如图 7-11 所示。

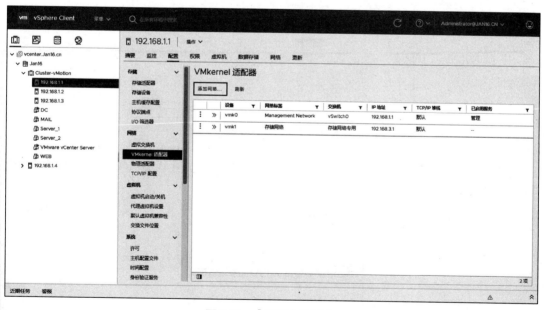

图 7-11 【配置】选项卡

（2）在【选择连接类型】界面中，选择【VMkernel 网络适配器】单选按钮，如图 7-12 所示，单击【NEXT】按钮。

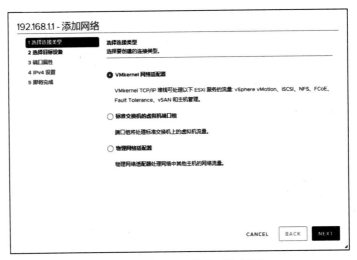

图 7-12　【选择连接类型】界面

（3）在【选择目标设备】界面中，单击【选择现有网络】单选按钮，并单击右侧的【浏览】选项，如图 7-13 所示。

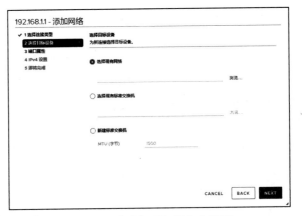

图 7-13　【选择目标设备】界面

（4）在【选择网络】窗口中，单击名称为【迁移】的分布式端口组，单击【确定】按钮，如图 7-14 所示。

图 7-14　【选择网络】窗口

（5）在【选择目标设备】界面中，确认配置信息无误后，单击【NEXT】按钮，如图 7-15 所示。

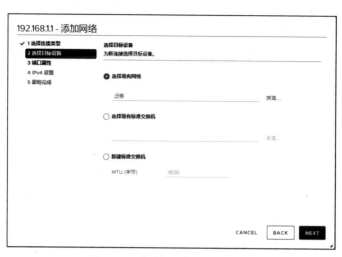

图 7-15　【选择目标设备】界面

（6）在【端口属性】界面中，启用【vMotion】服务，其余选项保持默认配置，如图 7-16 所示，单击【NEXT】按钮。

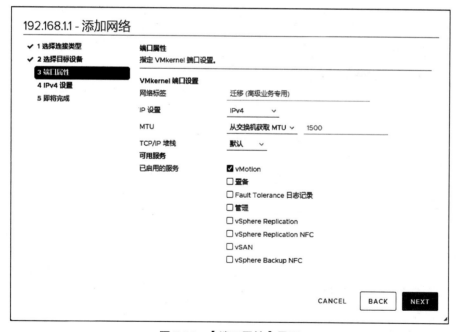

图 7-16　【端口属性】界面

（7）在【IPv4 设置】界面中，选择【使用静态 IPv4 设置】单选按钮，并配置【IPv4 地址】为【192.168.2.1】、【子网掩码】为【255.255.255.0】，其余选项保持默认配置，如图 7-17 所示。

图 7-17　【IPv4 设置】界面

（8）在【即将完成】界面中，检查配置信息无误后，单击【FINISH】按钮，如图 7-18 所示。

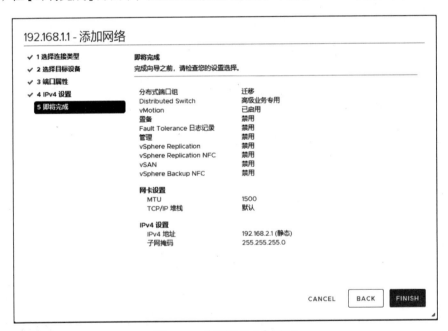

图 7-18　【即将完成】界面

2. 为 ESXi-2 主机添加专用网卡

（1）为 ESXi-2 主机创建 VMkernel 网络。在 IP 地址为【192.168.1.2】的主机（ESXi-2）的【配置】选项卡下，依次单击【网络】→【VMkernel 适配器】→【添加网络】选项，如图 7-19 所示。

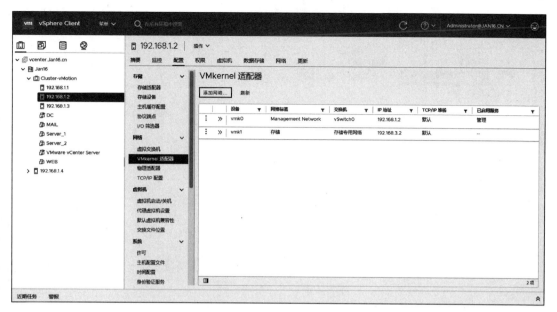

图 7-19　【配置】选项卡

（2）在【选择连接类型】界面中，选择【VMkernel 网络适配器】单选按钮，如图 7-20所示。

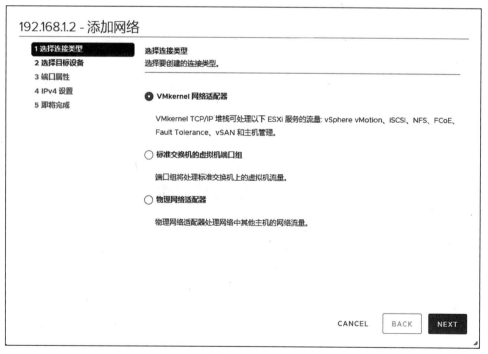

图 7-20　【选择连接类型】界面

（3）在【选择目标设备】界面中，单击【选择现有网络】单选按钮，并单击右侧的【浏览】选项，如图 7-21 所示。

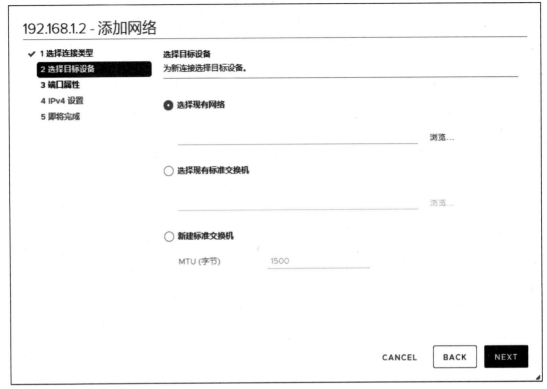

图 7-21　【选择目标设备】界面

（4）在【选择网络】窗口中，单击名称为【迁移】的分布式端口组，单击【确定】按钮，如图 7-22 所示。

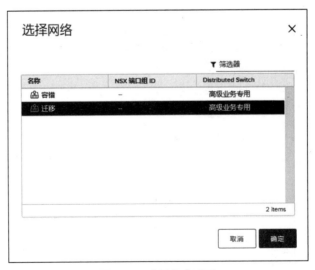

图 7-22　【网络】窗口

（5）在【选择目标设备】界面中，确认配置信息无误后，单击【NEXT】按钮，如图 7-23 所示。

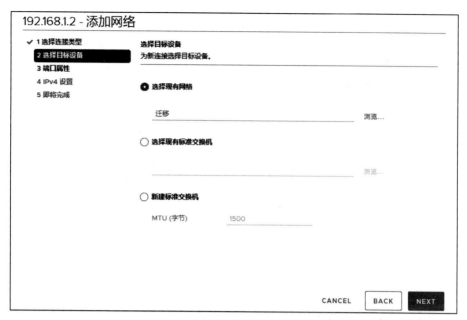

图 7-23　【选择目标设备】界面

（6）在【端口属性】界面中，启用【vMotion】服务，其余选项保持默认配置，如图 7-24 所示。

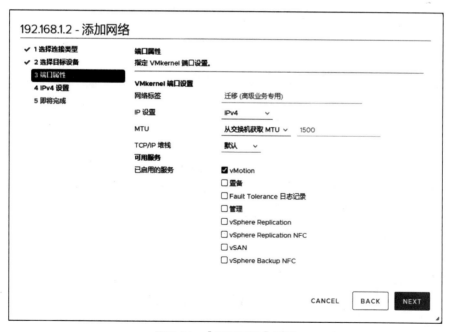

图 7-24　【端口属性】界面

（7）在【IPv4 设置】界面中，选择【使用静态 IPv4 设置】单选按钮，并配置【IPv4 地址】为【192.168.2.2】、【子网掩码】为【255.255.255.0】，其余选项保持默认配置，如图 7-25 所示，单击【NEXT】按钮。

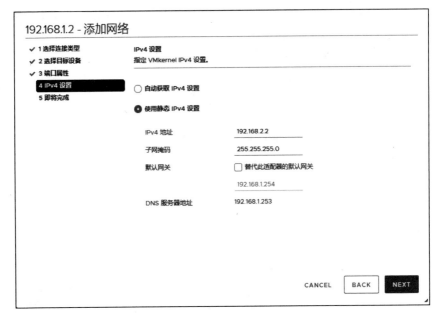

图 7-25　【IPv4 设置】界面

（8）在【即将完成】界面中，检查配置信息无误后，单击【FINISH】按钮，如图 7-26 所示。

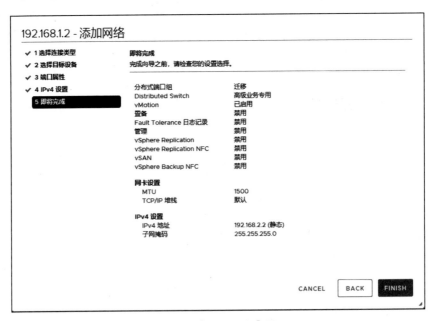

图 7-26　【即将完成】界面

3. 为 ESXi-3 主机添加专用网卡

（1）为 ESXi-3 主机创建 VMkernel 网络。在 IP 地址为【192.168.1.3】的主机（ESXi-3）的【配置】选项卡下，依次单击【网络】→【VMkernel 适配器】→【添加网络】选项，如图 7-27 所示。

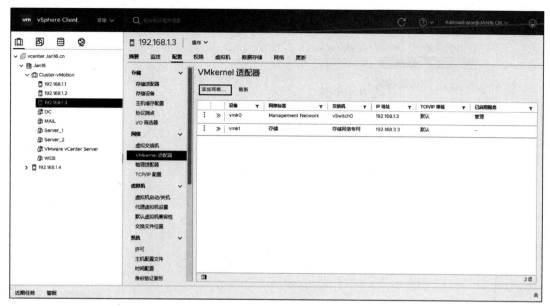

图 7-27　【配置】选项卡

（2）在【选择连接类型】界面中，选择【VMkernel 网络适配器】单选按钮，如图 7-28 所示。

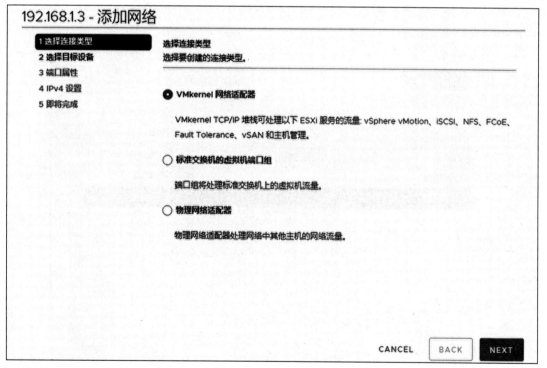

图 7-28　【选择连接类型】界面

（3）在【选择目标设备】界面中，单击【选择现有网络】单选按钮，并单击右侧的【浏览】选项，如图 7-29 所示。

图 7-29 【选择目标设备】界面

（4）在【选择网络】窗口中，单击名称为【迁移】的分布式端口组，单击【确定】按钮，如图 7-30 所示。

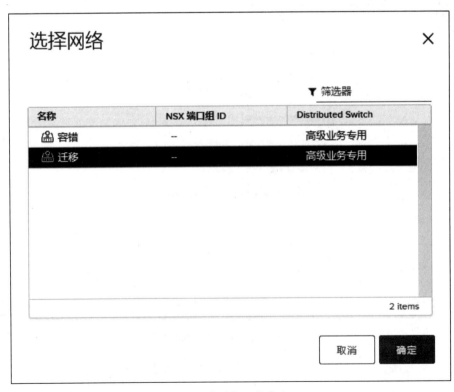

图 7-30 【选择网络】窗口

（5）在【选择目标设备】界面中，确认配置信息无误后，单击【NEXT】按钮，如图 7-31 所示。

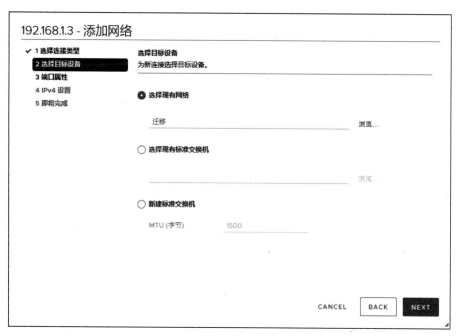

图 7-31　【选择目标设备】界面

（6）在【端口属性】界面中，启用【vMotion】服务，其他选项保持默认配置，如图 7-32 所示，单击【NEXT】按钮。

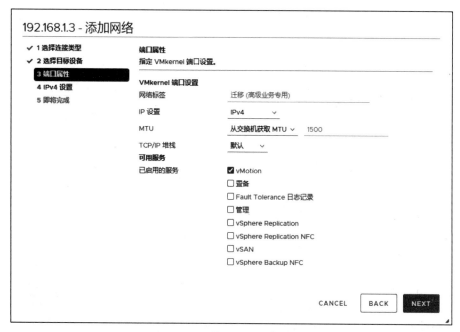

图 7-32　【端口属性】界面

（7）在【IPv4 设置】界面中，选择【使用静态 IPv4 设置】单选按钮，并配置【IPv4 地址】为【192.168.2.3】、子网掩码为【255.255.255.0】，其余选项保持默认配置，如图 7-33 所示，单击【NEXT】按钮。

图 7-33　【IPv4 设置】界面

（8）在【即将完成】界面中，检查配置信息无误后，单击【FINISH】按钮，如图 7-34 所示。

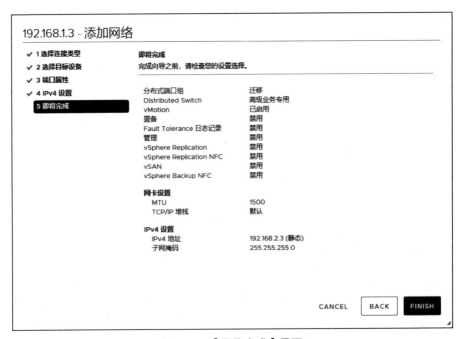

图 7-34　【即将完成】界面

▶ 任务验证

（1）查看 ESXi-1 主机的网卡配置信息，如图 7-35 所示。

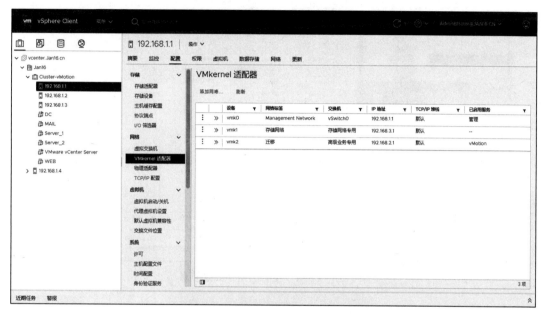

图 7-35　ESXi-1 主机的网卡配置信息

（2）查看 ESXi-2 主机的网卡配置信息，如图 7-36 所示。

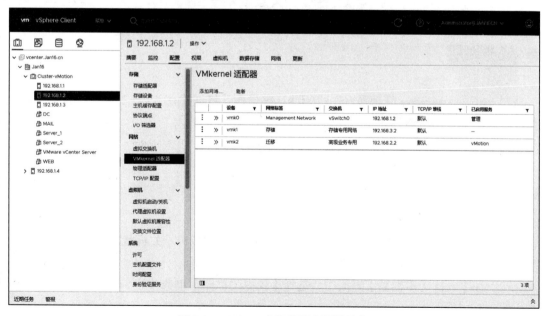

图 7-36　ESXi-2 主机的网卡配置信息

（3）查看 ESXi-3 主机的网卡配置信息，如图 7-37 所示。

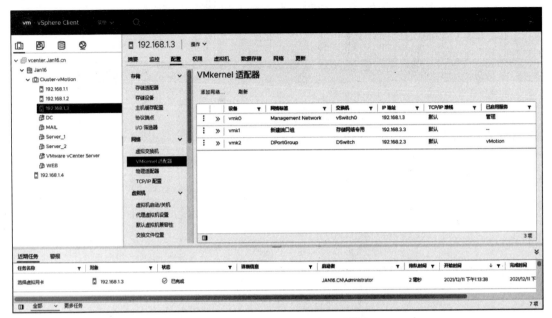

图 7-37　ESXi-3 主机的网卡配置信息

任务 7-3　配置 vMotion（冷迁移：仅更改存储）

扫一扫，看微课

▶ 任务规划

在 VMware vSphere 管理平台中进行冷迁移操作，将创建在 ESXi-2 主机上的 MAIL 虚拟机的存储位置迁移到共享存储 iscsi-1 中。

为 MAIL 虚拟机启用【仅更改存储】的迁移。

▶ 任务实施

（1）在【Cluster-vMotion】集群下，右击【MAIL】虚拟机（关机状态），在弹出的快捷菜单中单击【迁移】选项，如图 7-38 所示。

（2）在【选择迁移类型】界面中，选择【仅更改存储】单选按钮，如图 7-39 所示，单击【NEXT】按钮。

（3）在【选择存储】界面中，选择名为【iscsi-1】的目标存储（原存储为【datastore1（1）】），如图 7-40 所示，单击【NEXT】按钮。

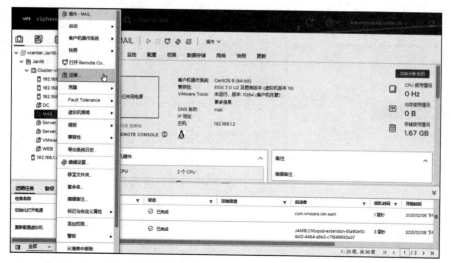

图 7-38　迁移 MAIL 虚拟机

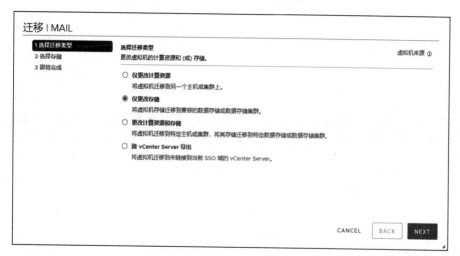

图 7-39　【选择迁移类型】界面

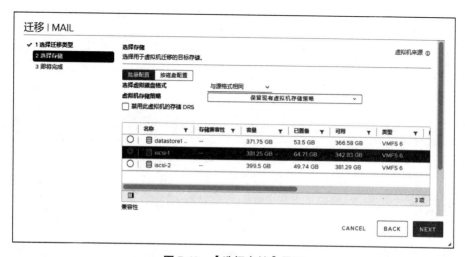

图 7-40　【选择存储】界面

（4）在【即将完成】界面中，检查配置信息无误后，单击【FINISH】按钮，如图 7-41 所示。

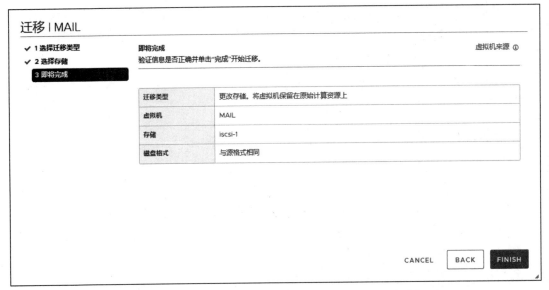

图 7-41　【即将完成】界面

（5）此时，vSphere 会将原虚拟机的存储数据迁移至新存储目录中，如图 7-42 所示。

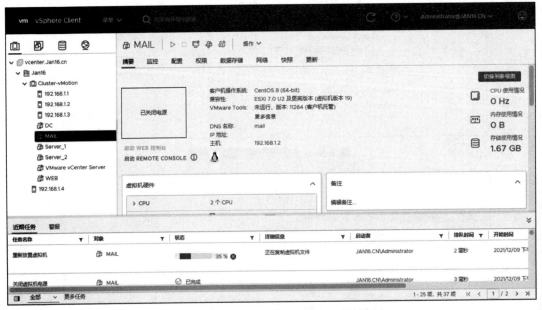

图 7-42　正在迁移 MAIL 虚拟机的存储数据

▶ 任务验证

（1）虚拟机的存储数据迁移前，可以在该虚拟机（MAIL）的【数据存储】选项卡下，查看到虚拟机的存储位置为【datastore1(1)】（本地存储），如图 7-43 所示。

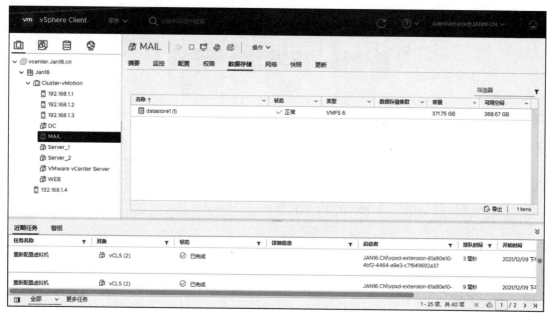

图 7-43　【数据存储】选项卡 1

（2）虚拟机的存储数据迁移完成后，可以在该虚拟机（MAIL）的【数据存储】选项卡下，查看到虚拟机的存储位置从【datastore1(1)】变为【iscsi-1】，如图 7-44 所示。

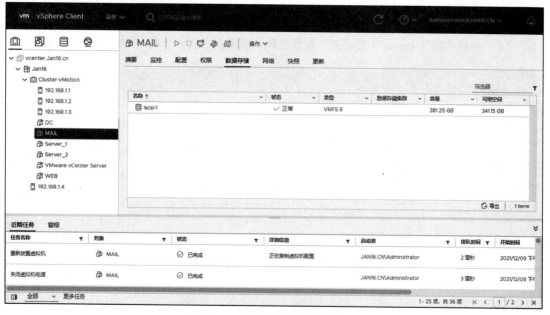

图 7-44　【数据存储】选项卡 2

扫一扫，看微课

任务 7-4　配置 vMotion
（热迁移：仅更改计算资源）

▶ 任务规划

在 VMware vSphere 管理平台中进行热迁移操作，将创建在 ESXi-2 主机上的虚拟机 Server_1 迁移到 ESXi-1 主机上，数据存储位置保持不变。

（1）配置并确认虚拟机 Server_1 的 IP 地址；

（2）检查虚拟机 Server_1 与客户机的连通性；

（3）为虚拟机 Server_1 配置【仅更改计算资源】的迁移。

▶ 任务实施

1. 配置并确认虚拟机 Server_1 的 IP 地址

（1）在【vSphere Client】管理界面的导航栏中，选中【Server_1】虚拟机并右击，在弹出的快捷菜单中单击【启动】→【打开电源】选项，然后单击【启动 WEB 控制台】，如图 7-45 所示。

（2）登录虚拟机 Server_1 的账户，配置并确认虚拟机 Server_1 的 IP 地址，如图 7-46 所示。

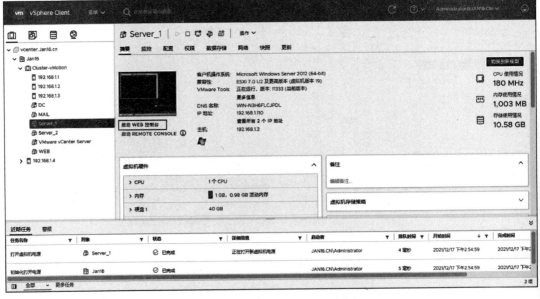

图 7-45　打开虚拟机 Server_1 的电源

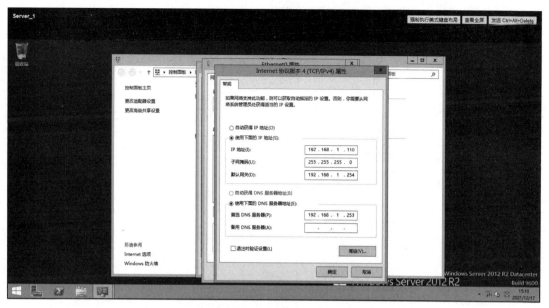

图 7-46　配置并确认虚拟机 Server_1 的 IP 地址

2. 检查虚拟机 Server_1 与客户机的连通性

在客户机上使用 Ping 命令发送 ICMP 报文至虚拟机 Server_1 中，检查虚拟机 Server_1 在迁移过程中的连通性，如图 7-47 所示。

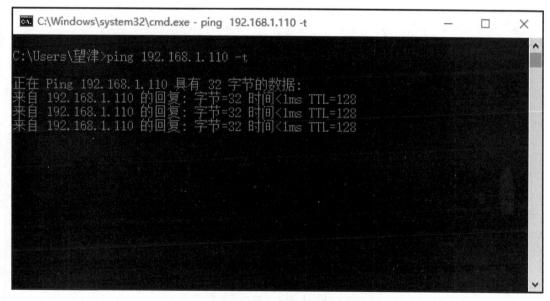

图 7-47　连通性检查

3. 为虚拟机 Server_1 配置【仅更改计算资源】的迁移

（1）在【vSphere Client】管理界面的导航栏中，右击【Server_1】虚拟机（电源开启），选择【迁移】命令，如图 7-48 所示。

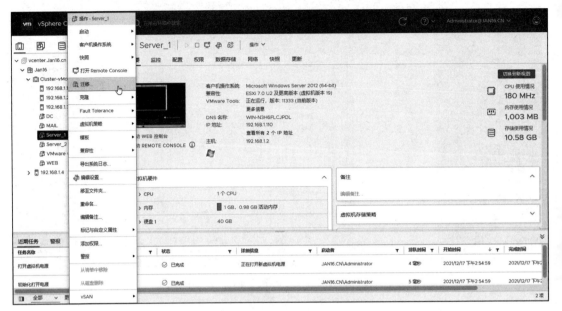

图 7-48　对虚拟机 Server_1 实施迁移

（2）在【选择迁移类型】界面中，选择【仅更改计算资源】单选按钮，如图 7-49 所示，单击【NEXT】按钮。

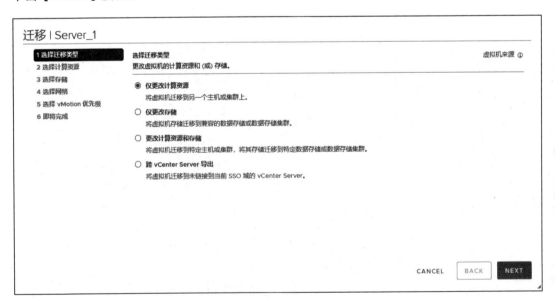

图 7-49　【选择迁移类型】界面

（3）在【选择计算资源】界面中，单击【主机】选项卡，选择 IP 地址为【192.168.1.1】的 ESXi 主机，单击【NEXT】按钮，如图 7-50 所示。

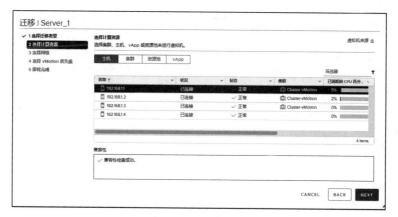

图 7-50　【选择计算资源】界面

（4）在【选择网络】界面中，选择名为【VM Network】的网络，单击【NEXT】按钮，如图 7-51 所示。

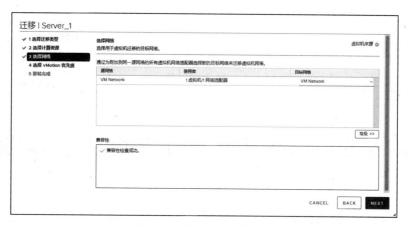

图 7-51　【选择网络】界面

（5）在【选择 vMotion 优先级】界面中，保持默认配置【安排优先级高的 vMotion（建议）】，如图 7-52 所示，单击【NEXT】按钮。

图 7-52　【选择 vMotion 优先级】界面

（6）在【即将完成】界面中，检查配置信息无误后，单击【FINISH】按钮，如图 7-53 所示。

图 7-53　【即将完成】界面

（7）此时，vSphere 将会对虚拟机 Server_1 的计算资源进行迁移操作，如图 7-54 所示。

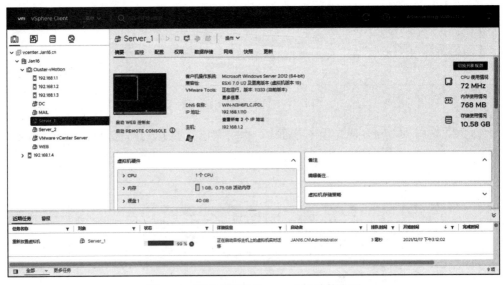

图 7-54　迁移虚拟机 Server_1 的计算资源

▶ 任务验证

（1）迁移前，虚拟机 Server_1 的主机地址为【192.168.1.2】（ESXi-2），如图 7-55 所示。

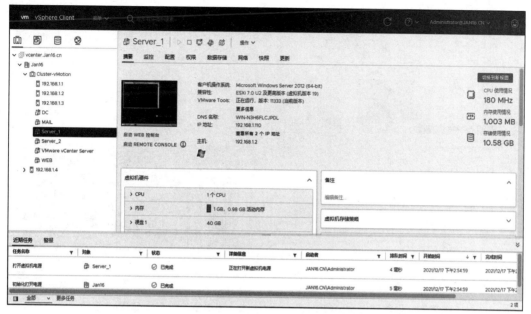

图 7-55　迁移前，虚拟机 Server_1 位于 ESXi-2 主机中

（2）迁移过程中，在客户机上使用 Ping 命令检测虚拟机 Server_1 的状态，发现能正常通信，如图 7-56 所示。

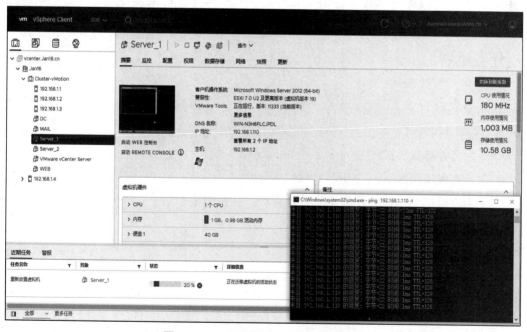

图 7-56　迁移过程中虚拟机能正常通信

（3）迁移完成后，虚拟机 Server_1 的【主机】位置会变为【192.168.1.1】（ESXi-1），并且网络连通性检测显示未出现中断，如图 7-57 所示。

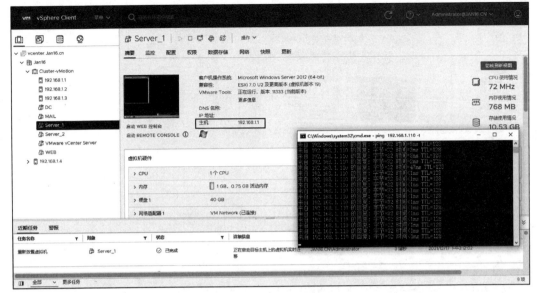

图 7-57　迁移完成后，虚拟机 **Server_1** 的【主机】位置变为 **ESXi-1** 主机

任务 7-5　配置 vMotion
（热迁移：同时更改计算资源和存储）

扫一扫，看微课

▶ 任务规划

在 VMware vSphere 管理平台中进行热迁移操作，将创建在 ESXi-3 主机上的虚拟机 Server_2 迁移到 ESXi-2 主机上，同时将数据存储位置迁移至共享存储 iscsi-1 内。

（1）配置并确认虚拟机 Server_2 的 IP 地址；

（2）检查虚拟机 Server_2 与客户机的连通性；

（3）为虚拟机 Server_2 配置【更改计算资源和存储】的迁移。

▶ 任务实施

1. 配置并确认虚拟机 Server_2 的 IP 地址

（1）在【vSphere Client】管理界面的导航栏中，选中虚拟机【Server_2】并右击，在弹出的快捷菜单中单击【启动】→【打开电源】选项，然后单击【启动 WEB 控制台】，如图 7-58 所示。

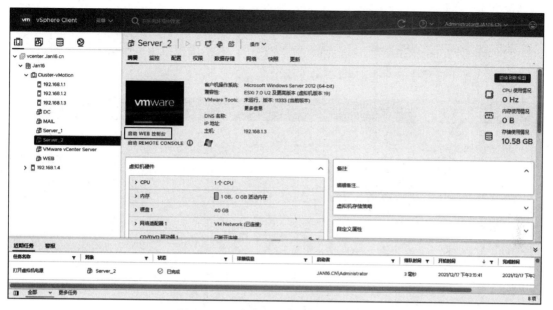

图 7-58　打开虚拟机 Server_2 的电源

（2）登录虚拟机 Server_2 的账户，配置并确认虚拟机 Server_2 的 IP 地址，如图 7-59 所示。

图 7-59　配置并确认虚拟机 Server_2 的 IP 地址

2. 检查虚拟机 Server_2 与客户机的连通性

在客户机上进行客户机与虚拟机 Server_2 之间的连通性检查，如图 7-60 所示。

图 7-60　检查连通性

3. 为虚拟机 Server_2 配置【更改计算资源和存储】的迁移

（1）在【vSphere Client】管理界面的导航栏中，右击虚拟机【Server_2】，在弹出的快捷菜单中选择【迁移】选项，如图 7-61 所示。

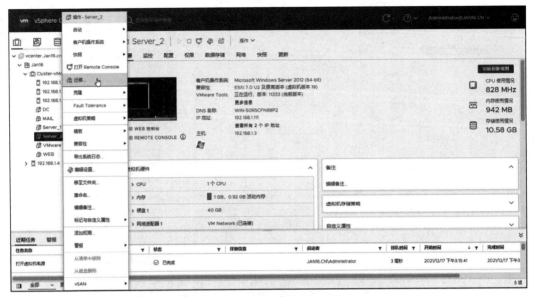

图 7-61　准备迁移虚拟机

（2）在【选择迁移类型】界面中，选择【更改计算资源和存储】单选按钮，如图 7-62 所示，单击【NEXT】按钮。

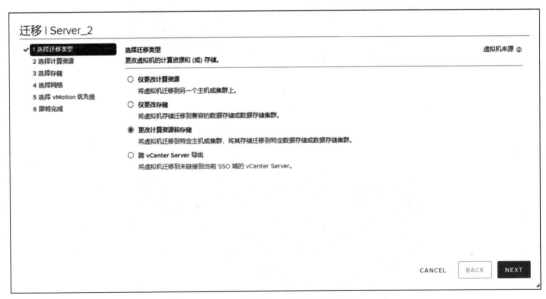

图 7-62　【选择迁移类型】界面

（3）在【选择计算资源】界面中，选择 IP 地址为【192.168.1.2】的主机（ESXi-2），如

图 7-63 所示，单击【NEXT】按钮。

图 7-63　【选择计算资源】界面

（4）在【选择存储】界面中，选择名为【iscsi-1】的存储，其他参数保持默认配置，如图 7-64 所示，单击【NEXT】按钮。

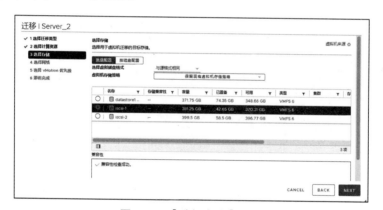

图 7-64　【选择存储】界面

（5）在【选择网络】界面中，选择【VM Network】网络，如图 7-65 所示，单击【NEXT】按钮。

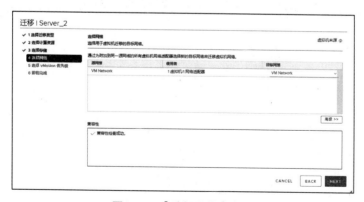

图 7-65　【选择网络】界面

（6）在【选择 vMotion 优先级】界面中，保持默认选项【安排优先级高的 vMotion】，如图 7-66 所示，单击【NEXT】按钮。

图 7-66　【选择 vMotion 优先级】界面

（7）在【即将完成】界面中，确认配置信息无误后，单击【FINISH】按钮，如图 7-67 所示。

图 7-67　【即将完成】界面

（8）此时，vSphere 会开始迁移虚拟机 Server_2 的计算资源和存储，如图 7-68 所示。

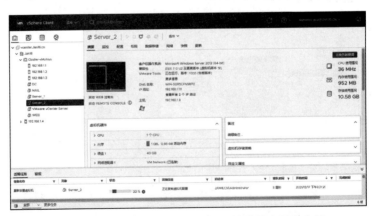

图 7-68　正在迁移虚拟机 Server_2 的计算资源和存储

▶ 任务验证

（1）迁移前，虚拟机 Server_2 的主机地址为【192.168.1.3】（ESXi-3），如图 7-69 所示。同时，在该虚拟机的【数据存储】选项卡中，查看虚拟机的数据存储位置为【datastore1(2)】，如图 7-70 所示。

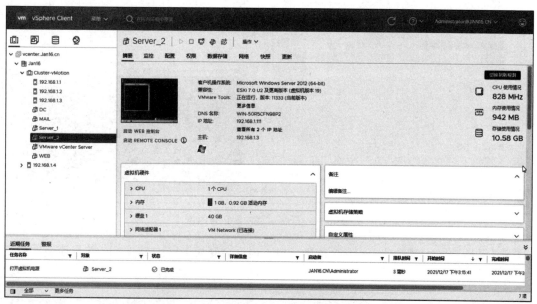

图 7-69　迁移前，虚拟机 Server_2 的计算节点位于 ESXi-3 主机中

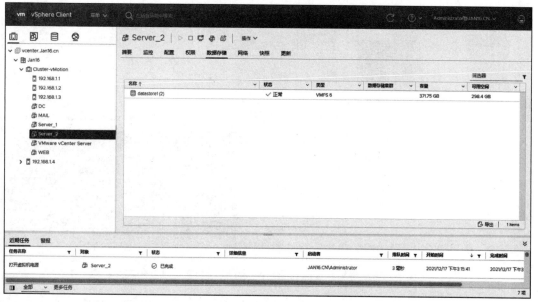

图 7-70　迁移前，虚拟机 Server_2 的数据存储位置为【datastore1(2)】

（2）在迁移过程中，在客户机上使用 Ping 命令检查客户机与虚拟机 Server_2 之间的连通性，发现能正常通信，如图 7-71 所示。

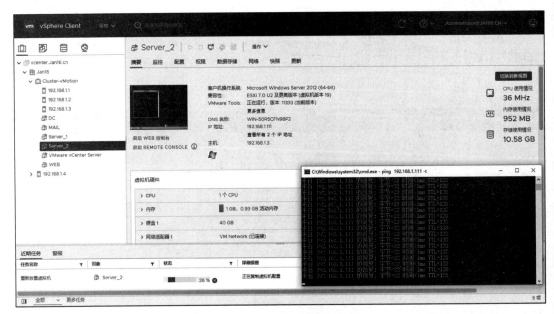

图 7-71　迁移过程中能正常通信

（3）迁移后，虚拟机 Server_2 的【主机】地址会变为【192.168.1.2】，并且连通性检测显示未中断，如图 7-72 所示。

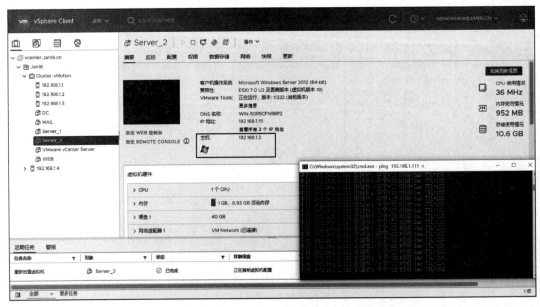

图 7-72　迁移后，虚拟机 Server_2 的【主机】地址发生改变

（4）在【数据存储】选项卡中，可以看到虚拟机 Server_2 的数据存储位置变为【iscsi-1】，如图 7-73 所示。

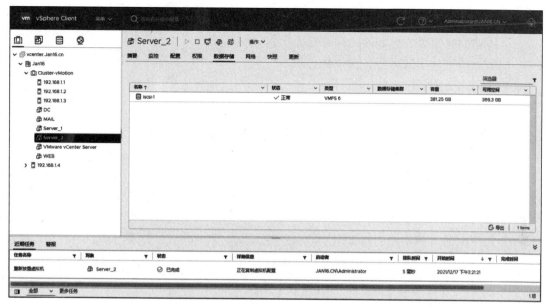

图 7-73　迁移后，虚拟机 Server_2 的数据存储位置发生改变

选择题

1. vMotion 操作包含几个阶段？（　　　）（多选题）

A. 当请求进行 vMotion 操作时，vCenter Server 将验证现有虚拟机与其当前主机是否处于稳定状况

B. 虚拟机在新主机上恢复其运行状态

C. 虚拟机状况信息（内存、寄存器和网络连接）将复制到目标主机中

D. 搬运硬件设备

2. 关于 vMotion 下列说法中不正确的是（　　　）。

A. 冷迁移：可将已关闭电源或已挂起的虚拟机迁移至新的物理主机中

B. 热迁移：对正处于开启状态的虚拟机进行迁移

C. 热迁移分为 vMotion 和 Storage vMotion

D. Storage vMotion 是将虚拟机内部的数据进行迁移

3. 在利用 vMotion 技术进行迁移的过程中，用户在（　　　）时间节点开始访问目标主机上的虚拟机。

A. 目标主机通知源主机迁移已完成

B. vMotion 将所有处于使用状态的内存从源主机复制到目标主机之后

C. vMotion 将虚拟机中的大部分内存从源主机复制到目标主机之后

D. vMotion 使源主机上的虚拟机处于静默状态之后

4. 要使冷迁移正常运行，虚拟机必须（　　　　）。

A. 处于关闭状态

B. 满足 vMotion 操作的所有要求

C. 可以在具有相似的 CPU 系列和步进编号的系统之间移动

D. 仍位于冷迁移之前的数据存储中

5. vMotion 技术可以实现以下哪些功能？（　　　　）（多选题）

A. 实现负载均衡 　　　　　　　　　　　　B. 实现 HA（高可用性）

C. 减少计划内宕机时间 　　　　　　　　　D. 动态迁移虚拟机

6. 以下哪些方面是能成功实现 vMotion 操作的条件？（　　　　）（多选题）

A. 虚拟机必须没有光盘通过 vSphere 客户端连接

B. 源主机和目标主机需要用专用的千兆以太网进行连接

C. 虚拟机不能使用本地硬件（如 iSCSI）

D. 需要同时保持与处理器相匹配的源主机和目标主机 SpeedStep（双模式移动切换技术）设置

7. 要想成功进行 vMotion 操作，需要满足以下哪些要求？（　　　　）（多选题）

A. 虚拟机必须可供源主机和目标主机访问

B. 源主机和目标主机必须配有兼容的处理器

C. 源主机和目标主机上的 CPU 必须具有一致的时钟速度和缓存大小

D. 源主机和目标主机之间必须使用专用千兆以太网

E. 处理器必须由同一家厂商提供

8. 关于虚拟机迁移，下列说法中正确的是哪两项？（　　　　）（多选题）

A. 在虚拟机迁移时，保存在本地硬盘的虚拟机，在虚拟机开机时，不能迁移到其他主机上

B. 使用 vMotion 功能，可以将正在运行的虚拟机在不中断应用的前提下迁移到其他主机上

C. 虚拟机可以在任何状态（开机或关机）中迁移

D. 虚拟机只能在关闭系统的时候才能迁移

9. 管理员在 vSphere 7.0 环境中配置了 vMotion 功能，并进行了迁移测试，但是失败了，需要启用以下哪个组件？（　　　　）

A. vCenter Server

B. vNetwork Standard Switch

C. Virtual Machine Port Group（虚拟机端口组）

D. VMkernel Port Group（端口组）

10. 基于 VMware vSphere 哪项技术可以实现虚拟机的在线迁移？（　　　　）

A. HA 　　　　　　　　　　　　　　　　B. vMotion

C. vSphere Replication（虚拟机灾难恢复） 　　D. FT（容错）

项目 8　配置 vCenter Server 高级应用——DRS

 项目学习目标

（1）了解 DRS（Distributed Resource Scheduler，分布式资源调度）的功能与作用。

（2）了解亲和性和反亲和性规则。

（3）掌握手动 DRS、半自动 DRS、全自动 DRS 的配置方法，并能进行合理运用。

项目描述

　　工程师小莫在虚拟机的 vMotion 操作完成后，决定配置 DRS 功能，这样可以在某台 ESXi 主机资源负载较重的情况下不引起虚拟机停机和网络中断的前提下快速执行迁移操作，让迁移和调度相结合，能够提高虚拟化集群的稳定性和可控性，尽量减少虚拟机之间的资源争抢情况。小莫规划开启集群 DRS 功能，并且设置三个不同的自动化级别，分别为手动、半自动、全自动，将测试阈值修改为激进，最后添加虚拟机的亲和性规则，规定虚拟机 Server_1 和虚拟机 Server_2 需要在同一台主机上运行，虚拟机 MAIL 和 WEB 必须要在不同的主机上运行。在前面的项目中，已将 4 台测试虚拟机加入共享存储中。集群参数如表 8-1 所示，DRS 集群拓扑如图 8-1 所示，集群名称为 Cluster-DRS。

表 8-1　集群参数

集群内主机	集群功能	自动化规则
ESXi-1、ESXi-2、 ESXi-3	DRS	手动、半自动、全自动
亲和性规则	规则所属成员	迁移阈值
集中保存虚拟机	Server_1、Server_2	激进
反亲和性规则	规则所属成员	迁移阈值
单独的虚拟机	WEB、MAIL	激进

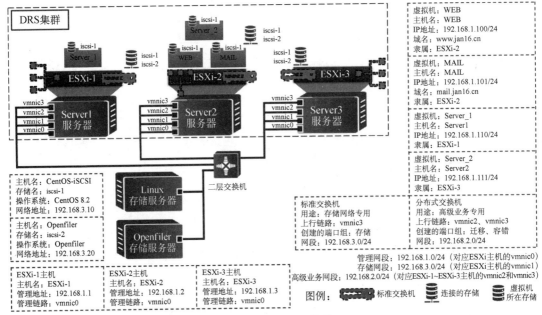

图 8-1　DRS 集群拓扑

管理员需要新建集群 Cluster-DRS，并且要将进行 DRS 调度的 ESXi 主机和虚拟机迁移到集群内。开启集群的 DRS 功能，并设置与 DRS 功能对应的参数和选项，配置亲和性规则和反亲和性规则。

为做好 DRS 调度，要求如下。

首先，能在 VMware vSphere 管理平台中查看到新建的 DRS 集群，以及加入该集群的 ESXi 主机和虚拟机。其次，按照规划要求配置亲和性规则或反亲和性规则，以及配置 DRS 的自动化级别；最后，开启虚拟机的电源，对应不同的自动化级别，能够查看到迁移提示和迁移结果，并且能查看到虚拟机按照亲和性规则或反亲和性规则进行调度。

因此，项目任务如下：

（1）新建集群；

（2）配置手动 DRS；

（3）配置半自动 DRS；

（4）配置全自动 DRS。

相关知识

1. DRS 简介

DRS 用于动态调整集群内 ESXi 主机的资源负载，自动将资源负载较重主机上的虚拟机通过 vMotion 技术，迁移到资源负载较轻的主机上，最终实现集群中主机资源的动态平衡。

2. DRS 的运作方式

DRS 允许用户自己定义规则和方案来决定虚拟机共享资源的方式及优先级的判断依据。

当一台虚拟机的资源负载增加时，DRS 会根据先前定义好的分配规则对虚拟机的优先级进行评估；若该虚拟机通过了评估，则 DRS 将为它分配额外的资源。

当主机资源不足的时候，DRS 就会将寻找集群中有多余可用资源的主机，并将这个虚机迁移到该主机中，以提供更多资源满足其服务需求。

DRS 在以下两种情况下会迁移虚拟机：

（1）初始位置，当第一次启动集群中的虚拟机时，DRS 配置窗口提醒虚拟机的启动位置，给出建议；

（2）负载平衡，DRS 试图执行迁移操作或主动提供虚拟机的迁移建议，来提高整个集群的资源使用效率。

DRS 具有以下两种调度模式。

（1）自动模式：DRS 自行判断，拟定虚拟机在物理服务器之间的最佳分配方案，并自动地将虚拟机通过 vMotion 技术迁移到最合适的物理服务器上。

（2）手动模式：DRS 配置窗口提醒虚拟机启动位置的最优方案，然后由系统管理员决定是否根据该方案对虚拟机进行操作。

3. DRS 的功能

DRS 集群由一组使用共享存储且相互连通的 ESXi 主机及关联虚拟机组成，可实现主机资源的动态分配。当虚拟机资源负载增加时，DRS 会通过在资源池中的物理服务器之间重新分发虚拟机来自动分配额外的资源。

DRS 允许用户自己定义规则，以给出虚拟机资源分配及优先级指标。同时，DRS 将持续监控集群内所有主机，监控虚拟机的 CPU、内存资源的分布情况和使用情况，以此为衡量指标。DRS 会将这些衡量指标与理想状态下的资源利用率进行比较，依据指标自动执行虚拟机迁移的指令。

DRS 支持分布式电源管理（DPM）功能。启用 DPM 后，DRS 会将集群级别和主机级别容量与集群的虚拟机需求（包括近期历史需求）进行比较。自动切断当前不需要运行的主机的电源，并在集群负载较高时自动打开主机电源，在平衡负载的同时减少能源消耗。

4. DRS 集群先决条件

添加到 DRS 集群中的 ESXi 主机必须满足一定的先决条件才能使用集群特性。

（1）若虚拟机满足迁移条件，则能显著提高配置 DRS 功能的效果。

（2）要使 DRS 能进行负载平衡，集群中的各主机必须连接迁移网络。

（3）所有托管主机已使用共享存储【如 VMFS（高性能的集群文件系统）、vSAN（VMware 中的存储技术）、vSphere 虚拟卷或 NFS（网络文件系统）数据存储】。

（4）所有虚拟机的数据存储在可供源主机和目标主机访问的共享存储中。

（5）可创建新的 DRS 集群，也可以为现有的 HA（高可用性）或 vSAN 集群启用 DRS 功能。

5. DRS 的特点

（1）支持分布式电源管理（DPM）。

DPM 通过平衡数据中心的工作量来减少耗能。DPM 能自动兼容 HA 配置，进一步在节能的基础上提高业务的可靠性。

（2）支持 vApp[①]组。

将多层应用程序压缩到一个 vApp 实体中，以简化多层应用程序的部署和之后的管理工作。vApp 组不但能压缩虚拟机，而且能记录虚拟机之间的依存关系与资源分配情况，并且不会影响 DRS 的电源建议。

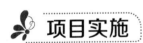 项目实施

任务 8-1　新建集群

扫一扫，看微课

▶ 任务规划

新建集群 Cluster-DRS，添加主机和虚拟机到集群中，并在集群内开启 DRS 功能。

（1）新建集群；

（2）添加主机。

---

① 使用 vSphere vApp，可以将多个交互操作的虚拟机和软件应用程序封装到单个单元中。

▶ 任务实施

1. 新建集群

（1）在【vSphere Client】管理界面的导航栏中右击数据中心【Jan16】，在弹出的快捷菜单中选择【新建集群】选项，如图 8-2 所示。

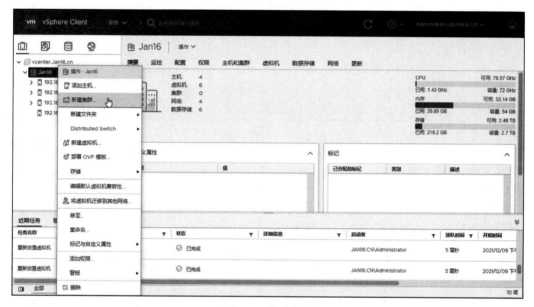

图 8-2　新建集群

（2）在【新建集群】的【基础】窗口中，创建名为【Cluster-DRS】的集群，并启用【vSphere DRS】功能，单击【下一页】按钮，如图 8-3 所示。在【查看】窗口中，确认配置信息无误后，单击【完成】按钮，如图 8-4 所示。

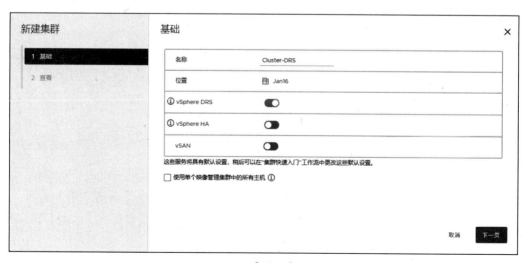

图 8-3　【基础】窗口

图 8-4　【查看】窗口

2. 添加主机

（1）在【vSphere Client】管理界面的导航栏中，右击【Cluster-DRS】集群，在弹出的快捷菜单中单击【添加主机】选项，如图 8-5 所示。

图 8-5　单击【添加主机】选项

（2）在【将新主机和现有主机添加到您的集群】窗口中，单击【现有主机】选项，将 IP 地址为【192.168.1.1】【192.168.1.2】【192.168.1.3】的主机添加至集群内，单击【下一页】按钮，如图 8-6 所示。

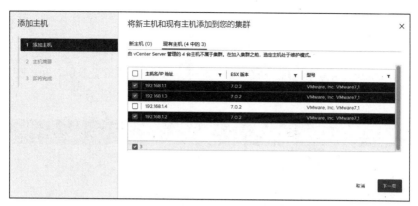

图 8-6 【将新主机和现有主机添加到您的集群】窗口

（3）在【主机摘要】窗口中，检查添加的主机 IP 地址是否正常，确认无误后，单击【下一页】按钮，如图 8-7 所示。

图 8-7 【主机摘要】窗口

（4）在【检查并完成】窗口，确认配置信息无误后，单击【完成】按钮，如图 8-8 所示。

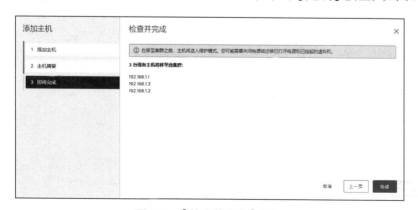

图 8-8 【检查并完成】窗口

► **任务验证**

（1）在【vSphere Client】管理界面的导航栏中，可以看到 ESXi-1 主机、ESXi-2 主机和 ESXi-3 主机及虚拟机已添加至 Cluster-DRS 集群中，如图 8-9 所示。

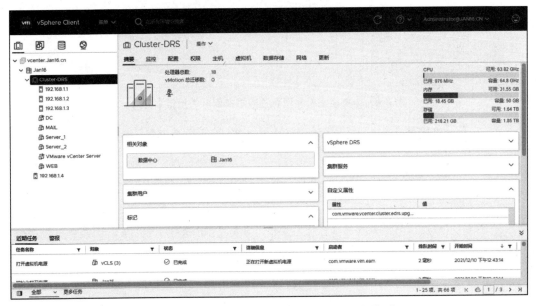

图 8-9　主机及虚拟机已添加到 Cluster-DRS 集群

（2）在【Cluster-DRS】集群的【配置】选项卡下，单击【vSphere DRS】选项，可以看到【vSphere DRS】功能已经开启，如图 8-10 所示。

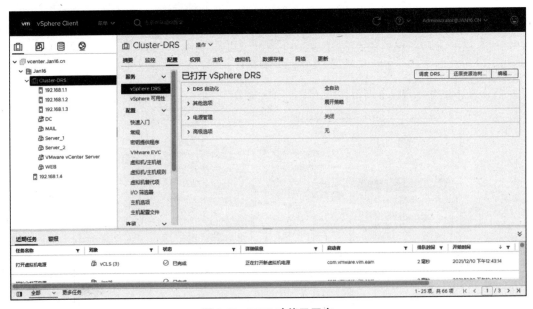

图 8-10　DRS 功能已开启

任务 8-2　配置手动 DRS

扫一扫，看微课

▶ 任务规划

修改 DRS 集群的参数，修改自动化级别为手动，配置亲和性规则，修改迁移阈值为激进，随后打开虚拟机查看迁移提示。

（1）配置 DRS 自动化等级；

（2）添加虚拟机规则（亲和性规则）。

▶ 任务实施

1. 配置 DRS 自动化等级

（1）在【vSphere Client】管理界面的导航栏中，单击【Cluster-DRS】→【配置】→【vSphere DRS】→【编辑】按钮，如图 8-11 所示。

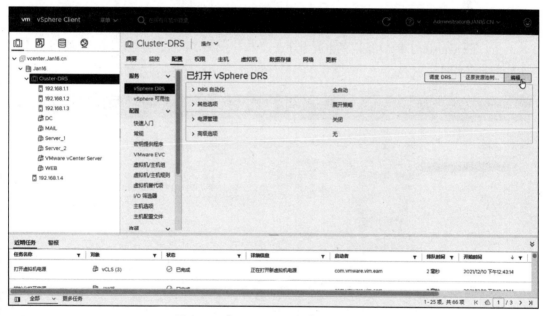

图 8-11　【vSphere Client】管理界面

（2）在【编辑集群设置】窗口的【自动化】选项卡下，将【自动化级别】设定为【手动】，并将【迁移阈值】调整为【激进】，其他配置保持默认状态，单击【确定】按钮，如图 8-12 所示。

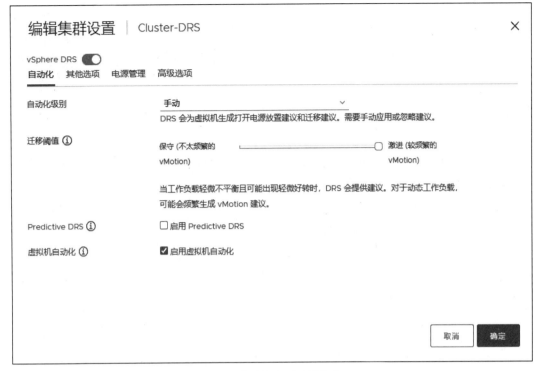

图 8-12　【编辑集群设置】窗口

2. 添加虚拟机规则（亲和性规则）

（1）在【Cluster-DRS】集群的【配置】选项卡下，依次单击【虚拟机/主机规则】→【添加】按钮，如图 8-13 所示。

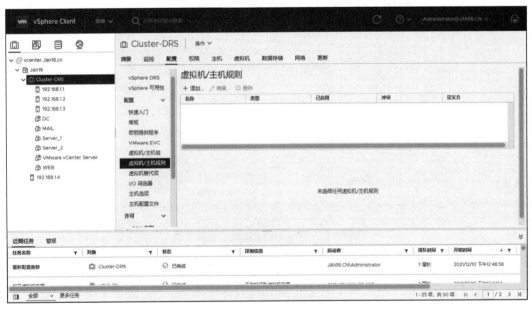

图 8-13　准备添加主机规则

（2）在【创建虚拟机/主机规则】窗口中，【名称】设置为【亲和性规则】，【类型】选择【集中保存虚拟机】，并单击【添加】按钮，如图 8-14 所示。

图 8-14　【创建虚拟机/主机规则】窗口

（3）在【添加虚拟机】窗口中，添加名为【Server_1】和【Server_2】的虚拟机，单击【确定】按钮，如图 8-15 所示。

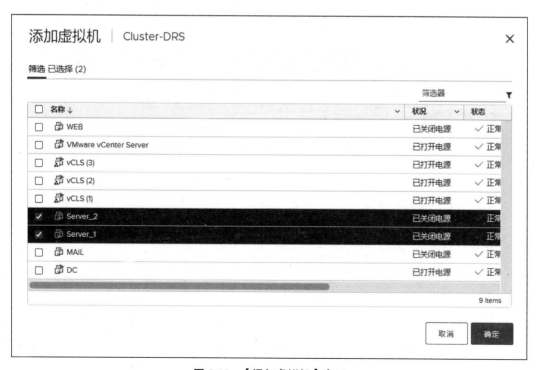

图 8-15　【添加虚拟机】窗口

（4）确认配置信息无误后，单击【确定】按钮，如图 8-16 所示。

图 8-16　确认配置信息

（5）在【vSphere Client】管理界面的导航栏中，单击【Cluster-DRS】→【配置】→【虚拟机/主机规则】→【亲和性规则】选项，可以看到规则的详细信息，如图 8-17 所示。

图 8-17　亲和性规则详细信息

▶ 任务验证

（1）在【vSphere Client】管理界面的导航栏中，单击【Cluster-DRS】→【配置】→【vSphere DRS】选项，可以看到【vSphere DRS】功能已经打开，【自动化级别】为【手动】，如图 8-18 所示。

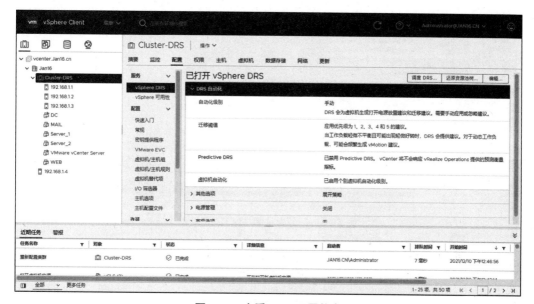

图 8-18　查看 DRS 配置状态

（2）在【Cluster-DRS】集群的【配置】选项卡下，单击【虚拟机/主机规则】选项，可以看到已经配置好的【亲和性规则】，如图 8-19 所示。

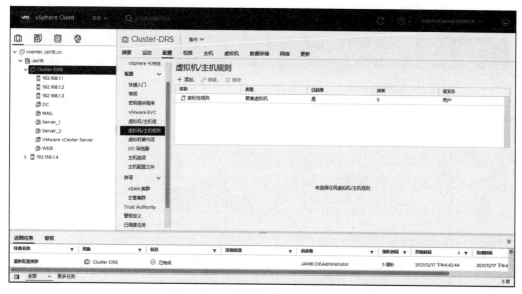

图 8-19　配置好的【亲和性规则】

（3）打开虚拟机 MAIL 的电源，如图 8-20 所示。

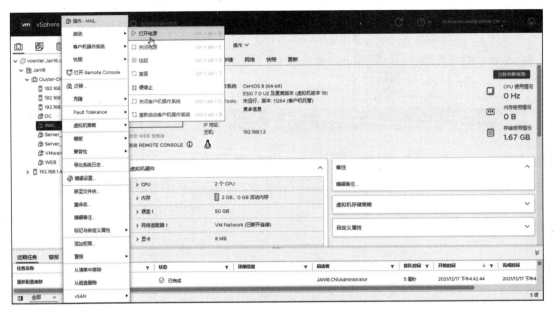

图 8-20　打开虚拟机 MAIL 的电源

（4）此时，vSphere 会弹出【打开电源建议】窗口，如图 8-21 所示，选择【建议 1-打开虚拟机电源】单选按钮，单击【确定】按钮。

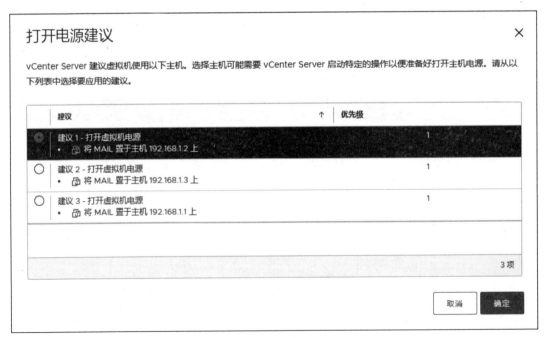

图 8-21　【打开电源建议】窗口

（5）虚拟机 MAIL 依旧在 ESXi-2 主机上运行，没有被迁移，如图 8-22 所示。

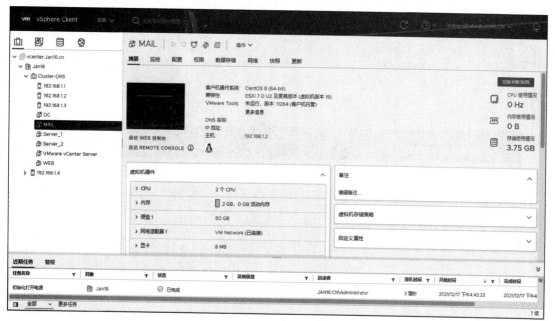

图 8-22 虚拟机 MAIL 没有被迁移

（6）打开虚拟机 Server_1 的电源，如图 8-23 所示。

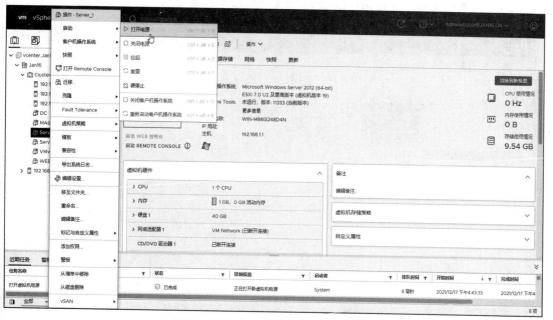

图 8-23 打开虚拟机 Server_1 的电源

（7）此时，vSphere 会弹出【打开电源建议】窗口，如图 8-24 所示，选择【建议 1-打开虚拟机电源】单选按钮，单击【确定】按钮。

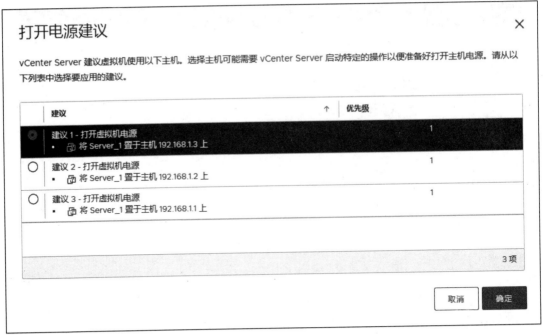

图 8-24　【打开电源建议】窗口

（8）虚拟机 Server_1 会被迁移至 ESXi-3 主机中，如图 8-25 所示。

图 8-25　虚拟机 Server_1 从 ESXi-1 主机被迁移至 ESXi-3 主机中

（9）打开虚拟机 Server_2 的电源，如图 8-26 所示。

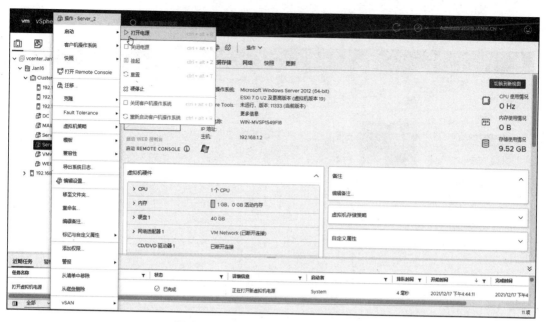

图 8-26　打开虚拟机 Server_2 的电源

（10）此时，vSphere 会弹出【打开电源建议】窗口。由于设置了【亲和性规则】（虚拟机 Server_1 与 Server_2 必须运行在同一台主机上），故只有将虚拟机 Server_2 置于主机 192.168.1.3（ESXi-3）上的建议，如图 8-27 所示。

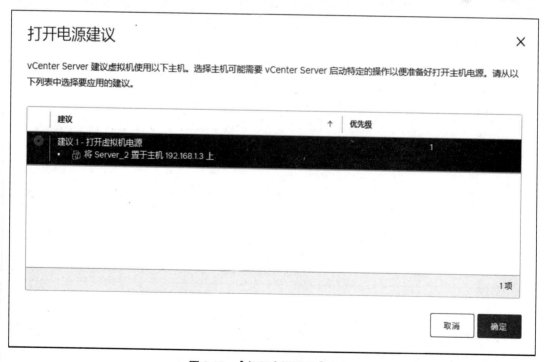

图 8-27　【打开电源建议】窗口

（11）虚拟机 Server_2 会被迁移至 ESXi-3 主机中，如图 8-28 所示。

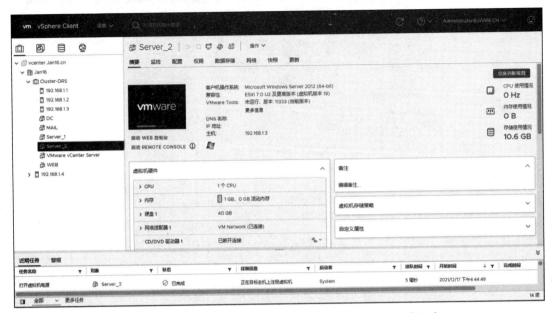

图 8-28　虚拟机 Server_2 从 ESXi-2 主机被迁移至 ESXi-3 主机中

（12）打开虚拟机 WEB 的电源，如图 8-29 所示。

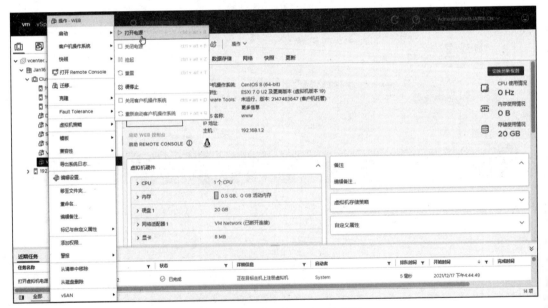

图 8-29　打开虚拟机 WEB 的电源

（13）此时，vSphere 会弹出【打开电源建议】窗口，如图 8-30 所示，选择【建议 1-打开虚拟机电源】单选按钮，单击【确定】按钮。

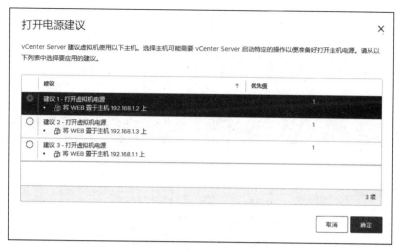

图 8-30　【打开电源建议】窗口

（14）虚拟机 WEB 在 ESXi-2 主机上运行，没有发生迁移，如图 8-31 所示。

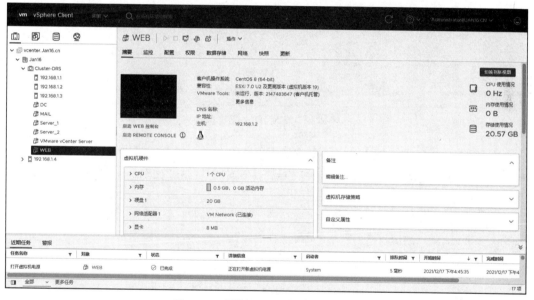

图 8-31　虚拟机 WEB 没有发生迁移

任务 8-3　配置半自动 DRS

扫一扫，看微课

▶ 任务规划

修改 DRS 集群的参数，将 DRS 的自动化级别修改为半自动，修改迁移阈值为激进，随后打开虚拟机查看迁移提示（此处无须配置虚拟机/主机规则选项）。

▶ 任务实施

（1）在【vSphere Client】管理界面的导航栏中，单击【Cluster-DRS】→【配置】→【vSphere DRS】→【编辑】按钮，如图 8-32 所示。

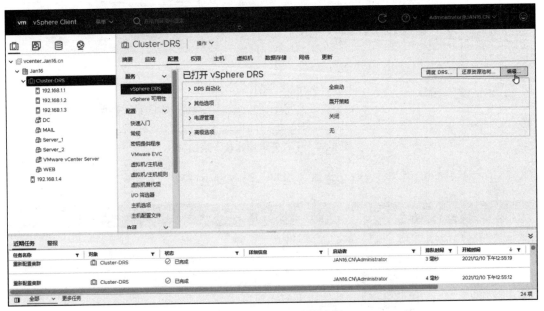

图 8-32　修改 DRS 配置参数

（2）在【编辑集群设置】窗口的【自动化】选项卡下，将【自动化级别】设置为【半自动】，并将【迁移阈值】调整为【激进】，单击【确定】按钮，如图 8-33 所示。

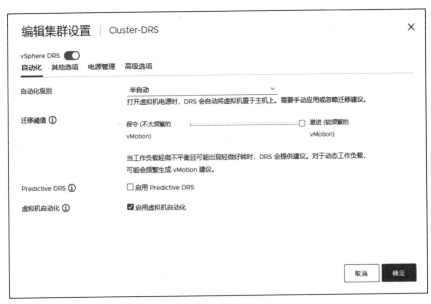

图 8-33　【编辑集群设置】窗口

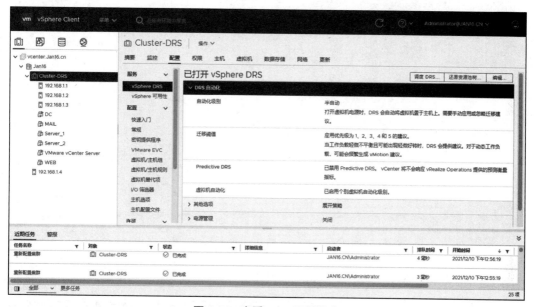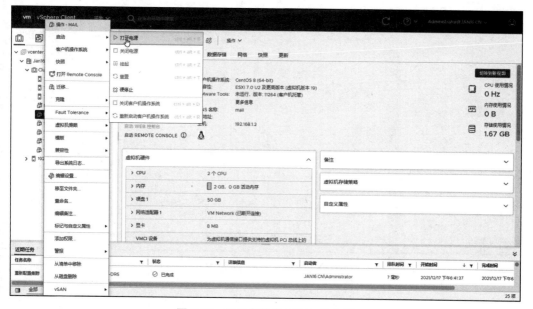

▶ 任务验证

（1）在【vSphere Client】管理界面的导航栏中，单击【Cluster-DRS】→【配置】→【vSphere DRS】选项，可以看到【vSphere DRS】功能已经打开，【自动化级别】为【半自动】，如图 8-34 所示。

图 8-34　查看 DRS 配置状态

（2）打开虚拟机 MAIL 的电源，如图 8-35 所示。

图 8-35　打开虚拟机 MAIL 的电源

基于 VMware vSphere 7.0 的虚拟化技术项目化教程

（3）虚拟机 MAIL 在 ESXi-2 主机上运行，并没有发生迁移，如图 8-36 所示。

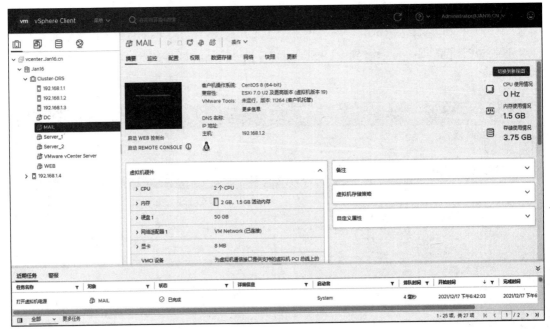

图 8-36　虚拟机 MAIL 没有发生迁移

（4）打开虚拟机 WEB 的电源，如图 8-37 所示。

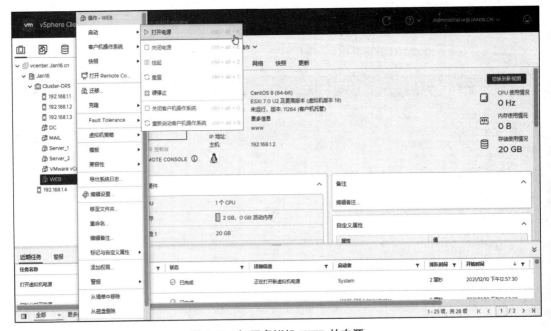

图 8-37　打开虚拟机 WEB 的电源

（5）虚拟机 WEB 将会被迁移至 ESXi-3 主机中，如图 8-38 所示。

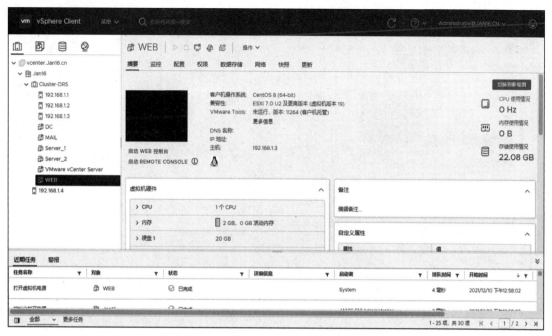

图 8-38　虚拟机 WEB 从 ESXi-2 主机被迁移至 ESXi-3 主机中

（6）打开虚拟机 Server_1 的电源，如图 8-39 所示。

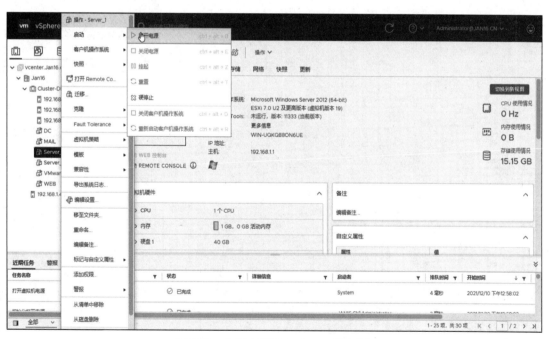

图 8-39　打开虚拟机 Server_1 的电源

（7）虚拟机 Server_1 会被迁移至 ESXi-3 主机中，如图 8-40 所示。

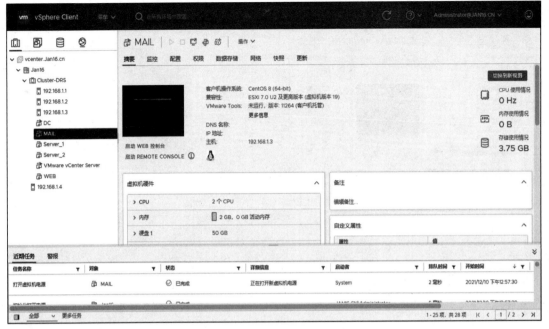

图 8-40　虚拟机 Server_1 从 ESXi-1 主机被迁移至 ESXi-3 主机中

（8）打开虚拟机 Server_2 的电源，如图 8-41 所示。

图 8-41　打开虚拟机 Server_2 的电源

（9）虚拟机 Server_2 没有发生迁移，如图 8-42 所示。

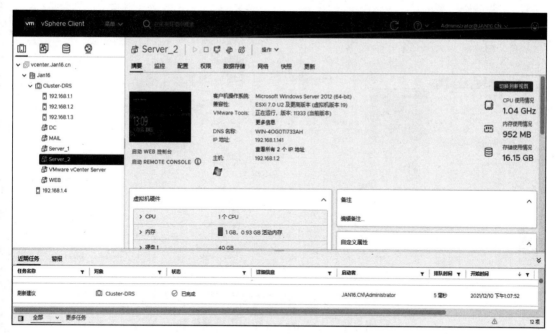

图 8-42　虚拟机 Server_2 仍然运行在 ESXi-2 主机上

任务 8-4　配置全自动 DRS

扫一扫，看微课

▶ 任务规划

　　修改 DRS 集群的参数，修改 DRS 的自动化级别为全自动，配置反亲和性规则，修改迁移阈值为激进，随后打开虚拟机查看迁移提示。

　　（1）修改 DRS 的自动化级别；

　　（2）创建虚拟机规则（反亲和性规则）。

▶ 任务实施

1. 修改 DRS 的自动化级别

　　（1）在【vSphere Client】管理界面的导航栏中，单击【Cluster-DRS】→【配置】→【vSphere DRS】→【编辑】按钮，如图 8-43 所示。

　　（2）在【编辑集群设置】窗口的【自动化】选项卡下，将【自动化级别】设置为【全自动】，并将【迁移阈值】调整为【激进】，单击【确定】按钮，如图 8-44 所示。

基于 VMware vSphere 7.0 的虚拟化技术项目化教程

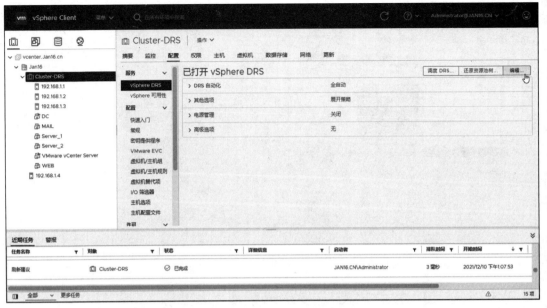

图 8-43 【vSphere Client】管理界面

图 8-44 【编辑集群设置】窗口

2. 创建虚拟机规则（反亲和性规则）

（1）在 Cluster-DRS 集群的【配置】选项卡下，依次单击【虚拟机/主机规则】→【添加】按钮，如图 8-45 所示。

（2）在【创建虚拟机/主机规则】窗口中，【名称】设置为【反亲和性规则】，【类型】选择【单独的虚拟机】，并单击【添加】按钮，如图 8-46 所示。

（3）在【添加虚拟机】窗口中，添加名为【MAIL】和【WEB】的虚拟机，单击【确定】按钮，如图 8-47 所示。

图 8-45　准备添加主机规则

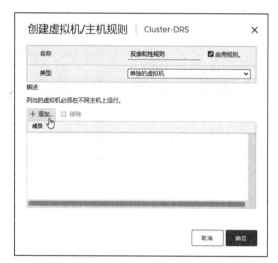

图 8-46　【创建虚拟机/主机规则】窗口

图 8-47　【添加虚拟机】窗口

（4）确认配置信息无误后，单击【确定】按钮，如图 8-48 所示。

图 8-48　检查规则的合规性

（5）在【vSphere Client】管理界面的导航栏中，单击【Cluster-DRS】→【配置】→【虚拟机/主机规则】→【反亲和性规则】选项，可以看到规则的详细信息，如图 8-49 所示。

图 8-49　反亲和性规则详细信息

▶ 任务验证

（1）在【vSphere Client】管理界面的导航栏中，单击【Cluster-DRS】→【配置】→【vSphere DRS】选项，可以看到【vSphere DRS】功能已经打开，【自动化级别】为【全

自动】，如图 8-50 所示。

图 8-50　查看 DRS 配置状态

（2）在【Cluster-DRS】集群的【配置】选项卡下，单击【虚拟机/主机规则】选项，可以看到已经配置好的【反亲和性规则】，如图 8-51 所示。

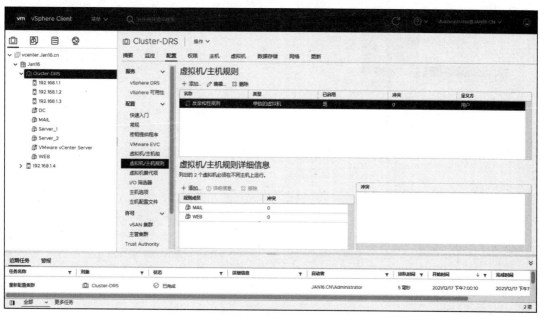

图 8-51　配置好的规则

（3）打开虚拟机 MAIL 的电源，如图 8-52 所示。

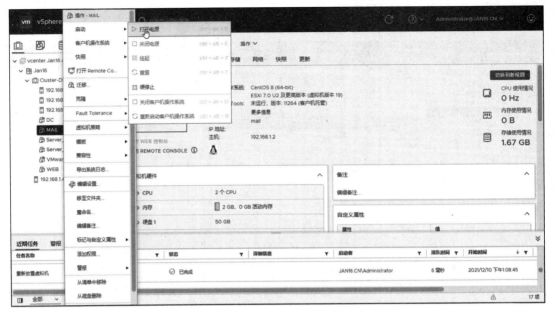

图 8-52　打开虚拟机 MAIL 的电源

（4）虚拟机 MAIL 没有发生迁移（仍在 ESXi-2 主机上），如图 8-53 所示。

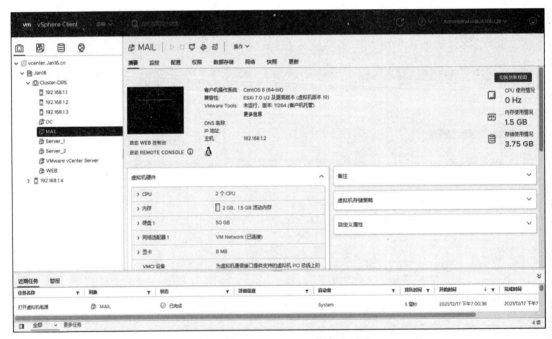

图 8-53　虚拟机 MAIL 没有发生迁移

（5）打开虚拟机 Server_1 的电源，如图 8-54 所示。

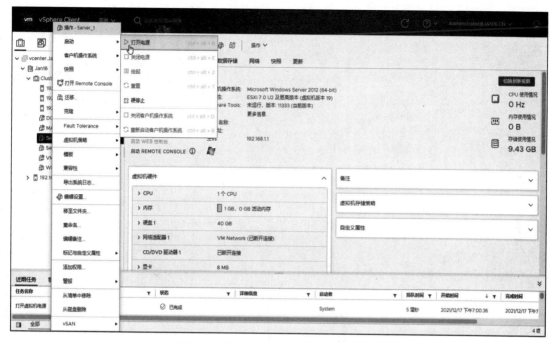

图 8-54　打开虚拟机 Server_1 的电源

（6）虚拟机 Server_1 会被迁移至 ESXi-3 主机中，如图 8-55 所示。

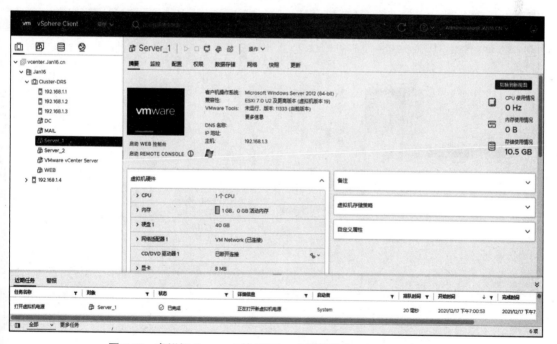

图 8-55　虚拟机 Server_1 从 ESXi-1 主机被迁移至 ESXi-3 主机中

（7）打开虚拟机 Server_2 的电源，如图 8-56 所示。

基于 VMware vSphere 7.0 的虚拟化技术项目化教程

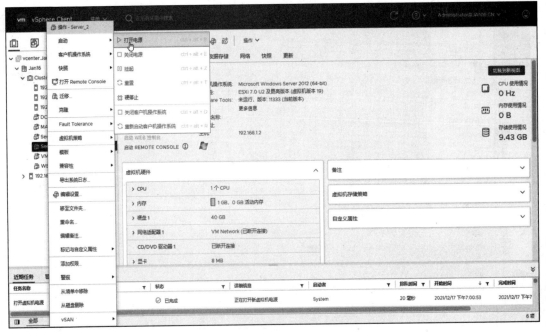

图 8-56　打开虚拟机 Server_2 的电源

（8）虚拟机 Server_2 会被迁移至 ESXi-3 主机中，如图 8-57 所示。

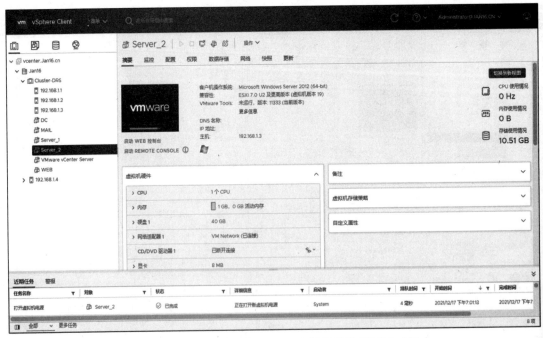

图 8-57　虚拟机 Server_2 从 ESXi-2 主机迁移到 ESXi-3 主机中

（9）打开虚拟机 WEB 的电源，如图 8-58 所示。

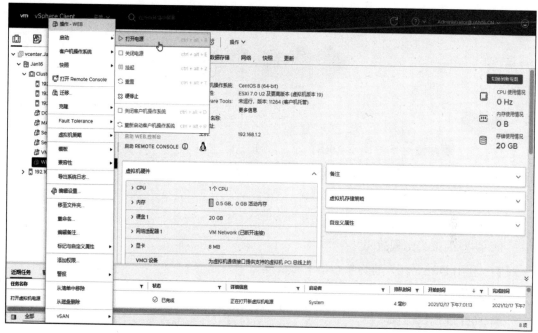

图 8-58 打开虚拟机 WEB 的电源

（10）虚拟机 WEB 从 ESXi-2 主机迁移到 ESXi-3 主机中，如图 8-59 所示。

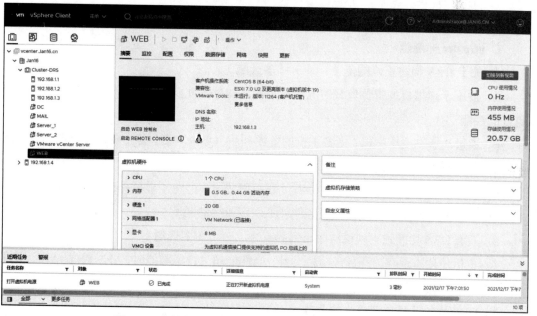

图 8-59 虚拟机 WEB 从 ESXi-2 主机迁移至 ESXi-3 主机中

选择题

1. 以下哪种情况不适用于 DRS？（　　　）

A. 使用 vMotion 动态地平衡 ESXi 主机集群内各个虚拟机的负载

B. 出于管理目的，强制隔离虚拟机

C. 在虚拟机开机时初始放置虚拟机

D. 防止虚拟机出现故障

2. 利用 DRS，用户可以执行以下哪些操作？（　　　）

A. 部署虚拟机

B. 防止虚拟机出现故障

C. 在计算资源需求较低时，将工作负载整合到较少的服务器上

D. 利用 vMotion 技术跨 ESXi 主机集群动态平衡虚拟机负载

3. 存储的 DRS 属于下列哪个 VMware 版本的功能？（　　　）

A. vSphere 企业版　　　　　　　　　　　B. vSphere 标准版

C. vCenter 标准版　　　　　　　　　　　D. vSphere 企业增强版

4. 关于 DRS 描述正确的是（　　　）。（多选题）

A. 适用于虚拟机的资源负载情况具有较明显的持续性波峰和波谷变化，用户需要获取更好的性能

B. 通过动态调度虚拟机，使各主机的资源利用率更加均衡，各主机的计算能力发挥更加充分，各虚拟机上的业务系统的运行效率更高

C. 调度算法合理，兼顾虚拟机资源负载变化情况，避免了虚拟机在主机上来回迁移

D. 可针对特殊要求的虚拟机设置例外不调度或手动调度

5. 关于 DRS 功能，下列说法中正确的有（　　　）。（多选题）

A. 主机使用本地存储存放虚拟机文件，当性能超过设定阈值时，可以触发 DRS，并完成虚拟机迁移

B. DRS 优先迁移负载较小的业务

C. DRS 可以实现跨集群迁移

D. 只有当内存、CPU 均超过阈值时才可能触发 DRS 操作

6. 在 vSphere 虚拟化解决方案中，以下对于 vDS 和 DRS 的描述正确的是（　　　）。（多选题）

A. DRS 资源管理服务，在物理机增加或删除时，无法实现自动调整资源

B. vDS 网络虚拟化服务，虚拟交换机在虚拟机和物理机之间提供第 2 层连接

C. vDS 网络虚拟化服务，提供虚拟局域网分段、流量隔离及改进的可管理性

D. DRS 资源管理服务，可实现动态扩容虚拟机资源

7. vSphere Cluster（集群）的功能组件中用于动态调整集群中 ESXi 主机负载的是（ ）。

A. DRS   B. DPM   C. vMotion   D. HA

项目 9　配置 vCenter Server 高级应用——HA

项目学习目标

（1）了解 HA（High Availability，高可用性）的工作机制与过程。

（2）掌握为集群配置 HA 的操作。

项目描述

　　工程师小莫观察到有一台主机运行业务时需要被外部流量访问，但是没有其他的负载均衡措施，经常由于并发量过大引发主机宕机，导致业务系统中断。

　　为了解决该问题，小莫决定启用集群的 HA 功能，保证服务的稳定性，当这台为外部提供服务的主机发生故障时，其上运行的各类服务通过虚拟机能够自动在其他正常运行的主机上重新启动。虚拟机在重新启动完成之后可以继续提供服务，从而最大限度地保证服务不中断，提高用户体验。在 HA 集群配置完成后，小莫将模拟主机掉线的情况，从而对 HA 集群的可靠性和稳定性进行观察。其实三台主机上的虚拟机的存储文件和计算资源已经挂载到共享的 iSCSI 存储内，并且三台 ESXi 主机已经配置了存储冗余。HA 集群拓扑如图 9-1 所示，HA 集群参数如表 9-1 所示。

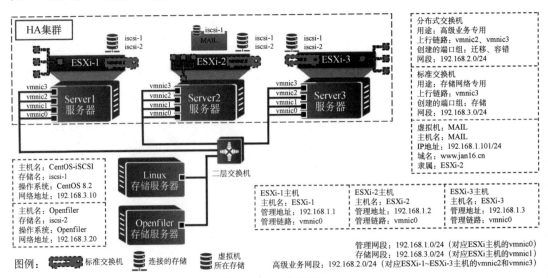

图 9-1　HA 集群拓扑

表 9-1　HA 集群参数

集群成员	集群功能	主机监控	主机故障响应
ESXi-1、ESXi-2、ESXi-3	HA	开启	重新启动虚拟机
检测信号数据存储	虚拟机重新启动默认优先级	集群内虚拟机故障响应	集群允许的故障主机数目
使用指定列表中的数据存储并根据需要自动选择 iscsi-2	高	重新启动虚拟机	1

项目分析

　　管理员需要新建集群 Cluster-HA，并且将需要设置高可用性的主机和虚拟机迁移到集群内。开启集群的 HA 功能，并设置对应的 HA 参数和选项。在完成配置后，使任意一台主机进入维护模式，查看运行在该主机内的虚拟机是否仍然正常运行。

　　为实现 HA 功能，安排任务如下：

　　（1）创建并配置 HA 集群；

　　（2）高可用集群主机故障测试与恢复。

相关知识

1. HA 简介

　　HA 集群通常具备由两个或更多 ESXi 主机组成的逻辑队列。在一个 HA 集群中，每台 ESXi 服务器配有一个 HA 代理，持续不断地检测集群中其他主机的心跳信号。假设某台 ESXi 主机在连续的三个单位时间间隔后，还没有发出心跳信号，则认为该主机已发生故障，或者认为其网络连接出现问题。

　　在这种情况下，原本在该主机上运行的虚拟机就会自动被转移到集群中的其他主机上。反之，如果一台主机无法接收到来自集群的其他主机的心跳信号，那么该主机便会启动一个内部进程来检测自己与集群中其他主机的连接是否出现了问题。如果真的出现了问题，那么就会中断所有在这台主机上正在运行的虚拟机，并启动预先设定好的备用主机。

　　此外，HA 的另一个显著的特点是能够对一个集群中的多台 ESXi 服务器（多达 4 台）进行故障转移。对于 HA 故障转移，虚拟机的操作系统认为仅因硬件的崩溃而进行的重启，其正在运行的业务数据不会丢失。即便备用 ESXi 服务器主机的硬件设备与原 ESXi 服务器主机的硬件设备有所不同，但虚拟机上的操作系统仍然能正常运行。

2. HA 的功能

HA 通过使用集群内的多台 ESXi 主机，为虚拟机中运行的应用程序提供快速中断恢复和高可用性服务。

HA 通过以下两种方式保护应用程序的高可用性：

（1）通过在集群内的其他主机上自动重新启动虚拟机，防止服务器故障；

（2）通过持续监控虚拟机并在检测到故障时对其进行重新设置，防止应用程序出现故障。

HA 提供基础架构并使用该基础架构保护所有工作负载：

（1）不需要在程序或虚拟机内部署额外的服务，便能启用 HA 保护功能；

（2）HA 与 DRS 结合使用，不仅能提高服务可靠性，还能平衡资源分配情况。

3. HA 的优势

与传统的故障切换解决方案相比，HA 具有以下多个优势。

（1）创建 HA 集群后，集群内所有虚拟机无须额外配置即可获得故障切换支持服务。

（2）减少了硬件和人力成本，HA 配置好后系统会自动监控、判断、执行相应操作。

（3）提高了应用程序的可用性，通过监控和响应 VMware Tools 检测信号并重置未响应的虚拟机，还可防止客户机操作系统崩溃。

（4）能与 DRS 和 vMotion 集成，若主机发生了故障，并且在其他主机上重新启动了虚拟机，则 DRS 会提出迁移建议或迁移虚拟机以平衡资源分配情况。如果迁移的源主机和目标主机中的一台或两台发生故障，那么 HA 会帮助故障机从该故障中恢复。

4. HA 的工作方式

HA 集群中的主机均会受到监控，如果发生故障，那么故障主机上的虚拟机将在备用主机上重新启动。

1）HA 集群中的首选主机和辅助主机

在将主机添加到 HA 集群内时，会进行首选主机和辅助主机的选举。选举完成后，首选主机将收集集群的状况，并用于启动故障切换操作。如果从集群内移除某台首选主机，那么 HA 功能会将另一台主机提升为首选主机。

2）故障检测和主机网络隔离

代理主机之间会相互通信，并监控集群内各主机的通信状态。默认情况下，此操作通过每秒交换一次检测信号来完成。若 15 秒之后仍未收到检测信号且无法 Ping 通该主机，系统则会声明该主机发生故障。若主机发生故障，则将对该主机上运行的虚拟机进行故障切换，即在具有最多可用硬件资源（CPU 和内存）的备用主机上重启。

主机网络隔离发生在主机仍运行但已无法再与集群内的其他主机通信时。在默认配置下，如果主机停止接收集群内所有其他主机的检测信号的时间超过 12 秒，那么主机将尝试 Ping 其隔离地址；若检测失败，则主机将声明自己已经与网络隔离。如果在 15 秒或更长时间内隔离主机的网络连接仍未恢复，那么集群内的其他主机将认为该主机发生了故障，并会尝试故障切换操作。

3）虚拟机选项

虚拟机选项即虚拟机重新启动优先级，其确定主机发生故障后虚拟机的重新启动顺序。通常为提供最重要服务的虚拟机分配较高的重新启动优先级。

4）主机隔离响应

主机隔离响应发生在 HA 集群内的主机失去其服务控制台网络（在 ESXi 中为 VMkernel 网络）连接但仍在运行时。主机隔离响应要求启用"主机监控状态"服务。若"主机监控状态"服务处于禁用状态，则主机隔离响应将同样被挂起。

注意：创建 HA 集群后，可以替代特定虚拟机的"重新启动优先级"和"隔离响应"的默认集群设置。此替代操作对于用于特殊任务的虚拟机很有帮助。例如，可能需要先启动提供基础架构服务（如 DNS 或 DHCP）的虚拟机，再启动集群内的其他虚拟机。

5）结合 HA 和 DRS

HA 和 DRS 协同使用，将自动故障切换与负载平衡相结合。可在 HA 将虚拟机移至其他主机后很快再平衡虚拟机。

5. 创建 HA 集群的前提条件

所有虚拟机的数据必须存储在共享存储中；

主机与虚拟机之间能进行网络通信；

集群内各主机的通信网络（主机与主机之间的）需要配置好静态 IP 地址；

为提高 HA 的可靠性，最好设置冗余的网络连接。

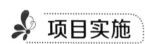 项目实施

任务 9-1　创建并配置 HA 集群

扫一扫，看微课

▶ 任务规划

在 VMware vSphere 管理平台中新建 HA 集群，并为 HA 集群配置规划内对应的参数。

（1）新建集群；

（2）添加主机；

（3）配置 vSphere 可用性。

▶ 任务实施

1. 新建集群

（1）在【vSphere Client】管理界面的导航栏中右击数据中心【Jan16】，在弹出的快捷菜单中单击【新建集群】选项，如图 9-2 所示。

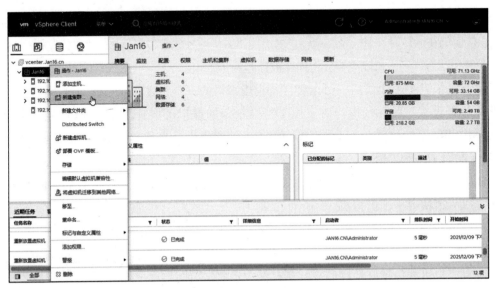

图 9-2　新建集群

（2）在弹出的【基础】窗口中，创建名为【Cluster-HA】的集群，并启用【vSphere HA】功能，如图 9-3 所示，单击【下一页】按钮。

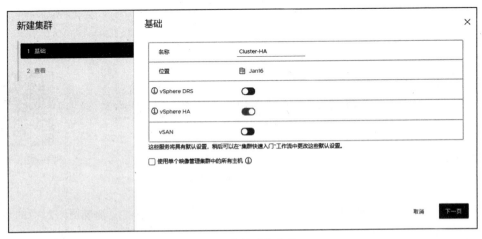

图 9-3　【基础】窗口

（3）在弹出的【查看】窗口中，检查创建的集群信息是否正确，若无问题，则单击【完成】按钮，如图 9-4 所示。

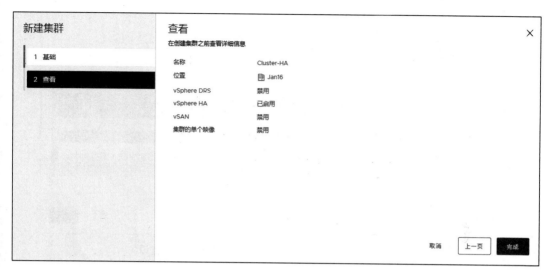

图 9-4 【查看】窗口

2. 添加主机

（1）在【vSphere Client】管理界面的导航栏中右击【Cluster-HA】集群，单击【添加主机】选项，如图 9-5 所示。

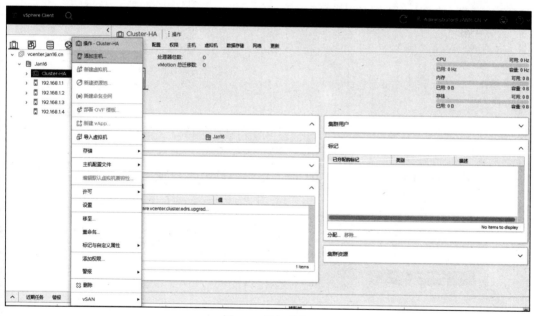

图 9-5 添加主机

（2）在【将新主机和现有主机添加到您的集群】窗口中，单击【现有主机】选项卡，将IP 地址为【192.168.1.1】【192.168.1.2】【192.168.1.3】的主机添加至集群内，如图 9-6 所示，单击【下一页】按钮。

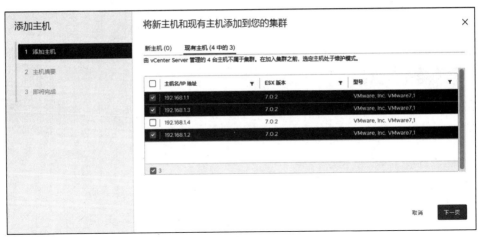

图 9-6 【将新主机和现有主机添加到您的集群】窗口

（3）在【主机摘要】窗口中检查主机摘要信息，如图 9-7 所示，单击【下一页】按钮。

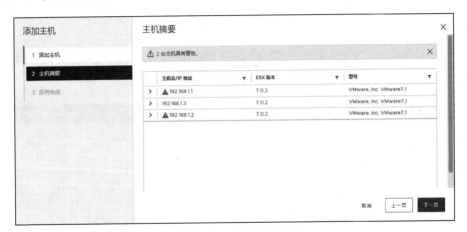

图 9-7 【主机摘要】窗口

（4）在【检查并完成】窗口中确认信息无误后，单击【完成】按钮，如图 9-8 所示。

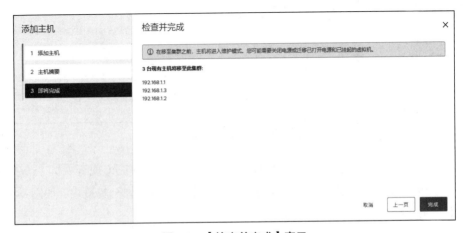

图 9-8 【检查并完成】窗口

3. 配置 vSphere 可用性

（1）在【vSphere Client】管理界面的导航栏中，单击【Cluster-HA】→【配置】→【vSphere 可用性】选项，在界面中单击右侧的【编辑】按钮，如图 9-9 所示。

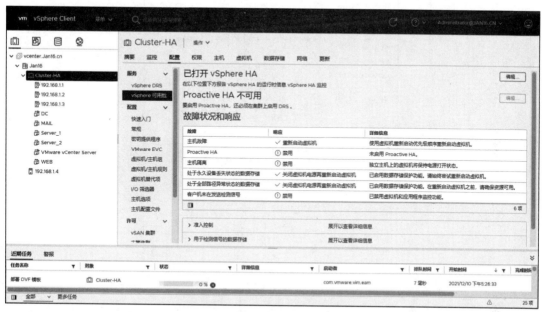

图 9-9　【vSphere Client】管理界面

（2）在【编辑集群设置】窗口中，启用【vSphere HA】功能；在【故障和响应】选项卡下打开【启用主机监控】功能，单击【主机故障响应】左侧的小箭头，将【故障响应】设置为【重新启动虚拟机】，并将【虚拟机重新启动默认优先级】设置为【高】，其他选项保持默认配置，如图 9-10 所示。

图 9-10　【编辑集群设置】窗口

（3）在【编辑集群设置】的【准入控制】选项卡下，设置【集群允许的主机故障数目】为【1】，其他选项保持默认配置，如图 9-11 所示。

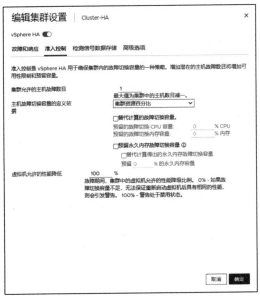

图 9-11　【准入控制】选项卡

（4）在【编辑集群设置】的【检测信号数据存储】选项卡下，设置【检测信号数据存储选择策略】为【使用指定列表中的数据存储并根据需要自动补充】，并勾选【iscsi-2】复选框，如图 9-12 所示。

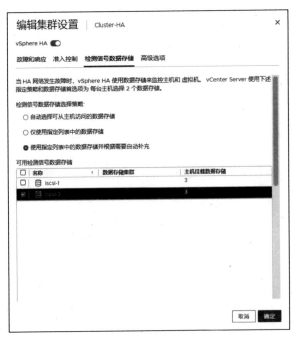

图 9-12　【检测信号数据存储】选项卡

（5）检查配置信息无误后，单击【确定】按钮，HA 集群配置完成。

► **任务验证**

（1）在【vSphere Client】管理界面的导航栏中，可以看到 IP 地址为【192.168.1.1】【192.168.1.2】【192.168.1.3】的三台 ESXi 主机及其所属的虚拟机已添加至【Cluster-HA】集群内，如图 9-13 所示。

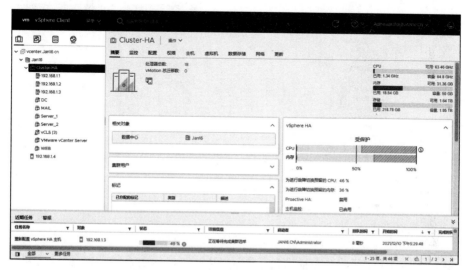

图 9-13　主机及虚拟机已添加至集群内

（2）在【vSphere Client】管理界面的导航栏中，单击【Cluster-HA】→【配置】→【vSphere 可用性】选项，可以看到【vSphere HA】功能已经启用，如图 9-14 所示。

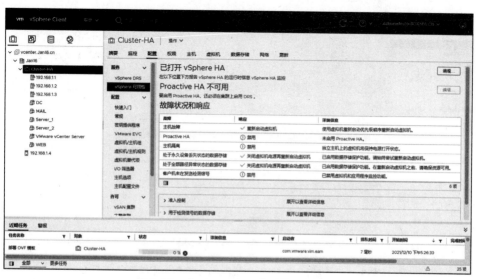

图 9-14　【vSphere HA】功能已经启用

（3）在【vSphere 可用性】界面中，可以看到【iscsi-2】已作为【用于检测信号的数据存储】，如图 9-15 所示。

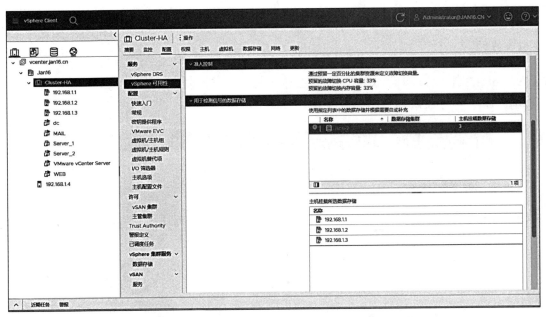

图 9-15　【iscsi-2】已作为【用于检测信号的数据存储】

（4）查看 ESXi-1 主机、ESXi-2 主机、ESXi-3 主机的 HA 角色，可以查看到选举已经完成，【192.168.1.1】主机成为【辅助角色】（如图 9-16 所示）；【192.168.1.2】主机成为【主角色】（如图 9-17 所示），【192.168.1.3】主机成为【辅助角色】（如图 9-18 所示）。

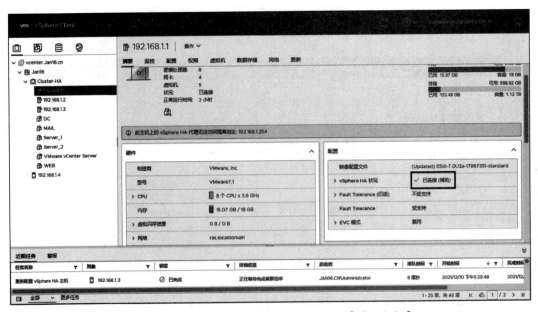

图 9-16　【192.168.1.1】主机的 HA 角色为【辅助角色】

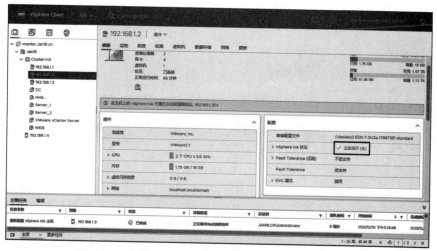

图 9-17 【192.168.1.2】主机的 HA 角色为【主角色】

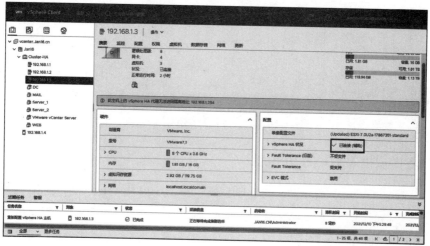

图 9-18 【192.168.1.3】主机的 HA 角色为【辅助角色】

任务 9-2 高可用集群主机故障测试与恢复

▶ 任务规划

扫一扫，看微课

将任意一台主机断电，在客户机上使用 Ping 命令和-t 参数，检查在该 ESXi 主机上运行的虚拟机是否会受到影响。

（1）打开虚拟机 MAIL 的电源；

（2）查看虚拟机 MAIL 的 IP 地址；

（3）检查虚拟机 MAIL 与客户机的连通性；

（4）关闭虚拟机 MAIL 上运行的主机的电源。

▶ 任务实施

1. 打开虚拟机 MAIL 的电源

以虚拟机 MAIL 为例，首先开启该虚拟机的电源，如图 9-19 所示。

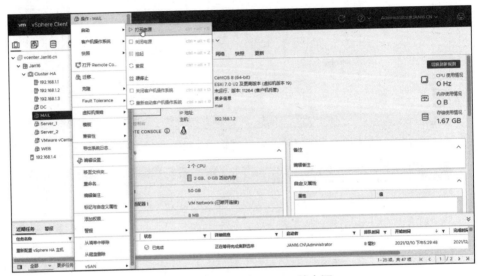

图 9-19　打开虚拟机 MAIL 的电源

2. 查看虚拟机 MAIL 的 IP 地址

在【vSphere Client】管理界面的导航栏中，单击【启动 WEB 控制台】。随后在【mail login】后输入【root】，在【Password】后输入密码（本例为空），然后查询虚拟机 MAIL 的 IP 地址，如图 9-20 所示。

图 9-20　查询虚拟机 MAIL 的 IP 地址

3. 检查虚拟机 MAIL 与客户机的连通性

使用客户机 Ping 命令发送 ICMP 报文至虚拟机 MAIL 中，检查虚拟机启用 HA 功能过程中的网络连通性，如图 9-21 所示，网络连接正常。

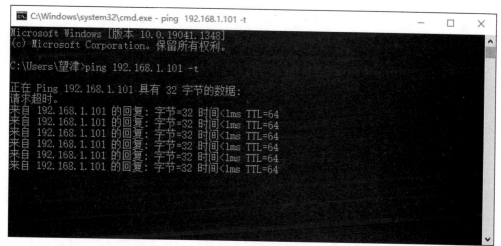

图 9-21　连通性检查

4. 关闭虚拟机 MAIL 上运行的主机的电源

（1）在【vSphere Client】管理界面的导航栏中，右击【192.168.1.2】（ESXi-2）主机，在弹出的快捷菜单中依次单击【电源】→【关机】选项，如图 9-22 所示。

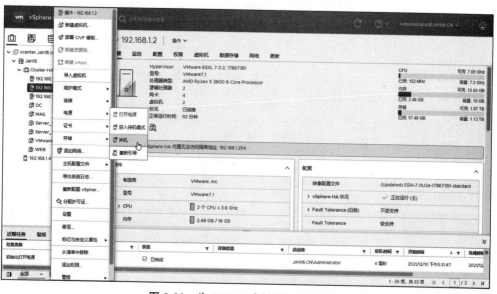

图 9-22　为 ESXi-2 主机进行断电操作

（2）此时会弹出【关闭主机】窗口，输入关闭电源操作的原因（如【testHA】），如图 9-23 所示，随后单击【确定】按钮。

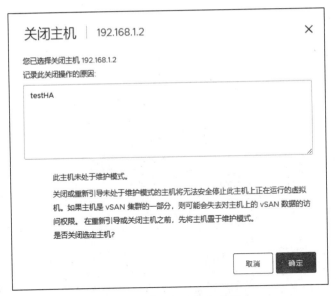

图 9-23　【关闭主机】窗口

（3）稍等片刻，当【192.168.1.2】（ESXi-2）主机出现【主机连接和电源状况】的警告提示时，则该主机已经关机，如图 9-24 所示。

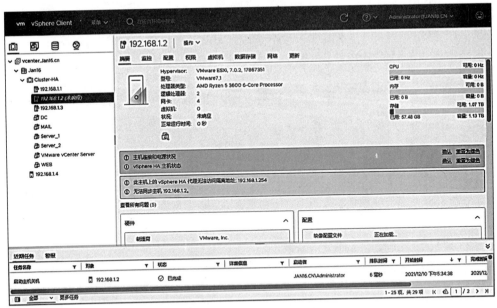

图 9-24　ESXi-2 主机已关机

▶ 任务验证

（1）关闭 ESXi-2 主机的电源前，虚拟机 MAIL 运行在 ESXi-2 主机上，如图 9-25 所示。同时，客户机能正常 Ping 通该虚拟机，如图 9-26 所示。

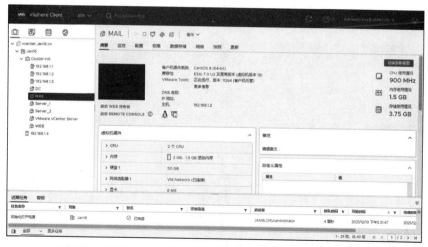

图 9-25　关闭 ESXi-2 主机电源前，虚拟机 MAIL 的运行状态

图 9-26　关闭 ESXi-2 主机电源前，客户机能 Ping 通虚拟机 MAIL

（2）关闭【192.168.1.2】（ESXi-2）主机的电源后，可以发现原先正常连通的虚拟机出现【请求超时】提示，如图 9-27 所示。

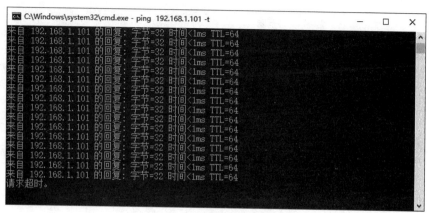

图 9-27　出现【请求超时】提示

（3）此时【192.168.1.2】（ESXi-2）主机处于电源关闭状态，如图 9-28 所示。

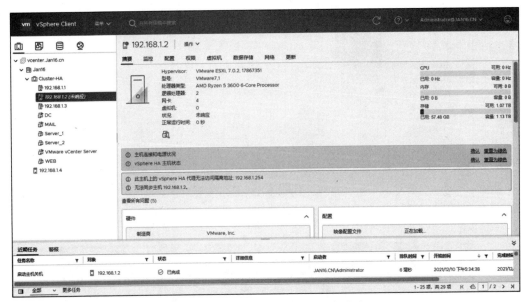

图 9-28　ESXi-2 主机处于电源关闭状态

（4）观察在【192.168.1.2】（ESXi-2）主机上运行的虚拟机 MAIL，发现其正在进行重新启动操作，如图 9-29 所示。

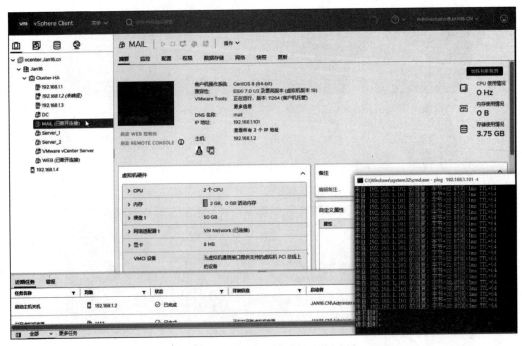

图 9-29　虚拟机 MAIL 正在重新启动

（5）待虚拟机重新启动完成后，发现虚拟机可以正常连通，如图 9-30 所示。

图 9-30 虚拟机 MAIL 重新启动完成后，能正常 Ping 通

选择题

1. 如果为集群启用了 HA 功能，那么所有活动主机（未处于待机或维护模式的主机或未断开连接的主机）都将使用（　　）方式确定首选主机。

A. 选举　　　　　　　B. 随机　　　　　　　C. 队列　　　　　　　D. 配置文件

2. HA 主节点（首选主机）的作用有哪些？（　　）（多选题）

A. 分发 HA 指令到集群内其他节点　　　　B. 控制集群 HA 指令

C. 管理集群 HA 指令

3. 以下哪两种情况会由 HA 功能重新选举主节点？（　　）（多选题）

A. 当集群创建时　　　　　　　　　　　　B. 当一台主机进入维护模式时

C. 当存储配置更改时　　　　　　　　　　D. 当执行重新配置 HA 集群操作时

4. 基于 VMware vSphere 的哪项技术可以实现虚拟机的在线迁移？（　　）

A. vMotion　　　　　　　　　　　　　　B. Replication（复制）

C. HA　　　　　　　　　　　　　　　　D. FT（容错）

5. 下列实现 HA 功能的条件有哪些？（　　）（多选题）

A. 集群　　　　　　B. 共享存储　　　　　C. 虚拟网络　　　　　D. 心跳网络

E. 相同的虚拟机

6. 下列符合 HA 集群中辅助主机的任务有哪些？（   ）（多选题）

A. 辅助主机负责监控本地运行的虚拟机状态，并将其发送给首选主机

B. 辅助主机在首选主机故障时，不参与选举

C. 辅助主机负责监控首选主机的状态，若首选主机故障，则辅助主机会参与选举

D. 辅助主机不负责监控本地运行的虚拟机，也不将虚拟机状态发送给首选主机

7. 下列属于 HA 必备组件的有（   ）？（多选题）

A. FDM（故障域管理器）代理   B. hostd 代理

C. vCenter Server   D. DRS

8. HA 的等级有哪些？（   ）（多选题）

A. 应用程序级别   B. 数据中心级别

C. 虚拟化级别   D. 物理级别

项目 10　配置 vCenter Server 高级应用——FT

项目学习目标

（1）能配置 FT（Fault Tolerance，容错）功能，并能查看主虚拟机和辅助虚拟机的状态。

（2）掌握同时打开主虚拟机和辅助虚拟机的方法，查看在主虚拟机上的操作与辅助虚拟机上的操作是否同步。

项目描述

工程师小莫在完成了 HA 集群的搭建后，公司领导希望获得比 HA 功能更高的业务可用性和数据安全性，从而保障业务 7×24 小时运行。因此小莫决定为生产服务的虚拟机开启 FT 功能，FT 功能开启后会生成主虚拟机和辅助虚拟机，若主虚拟机发生故障，则会进行及时且透明的故障切换操作，使用服务的用户也会对故障切换行为无感知。正常运行的辅助虚拟机将变成主虚拟机，并且不会断开网络连接或中断正在处理的事务。使用透明故障切换操作，可以维护网络连接。在进行透明故障切换操作之后，将重新生成新的辅助虚拟机，重新建立冗余，FT 拓扑规划如图 10-1 所示。VMkernel 网卡参数如表 10-1 所示，iSCSI 共享磁盘参数如表 10-2 所示，虚拟机参数如表 10-3 所示，FT 功能参数如表 10-4 所示。

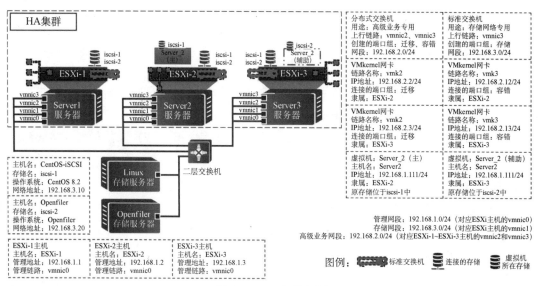

图 10-1　FT 拓扑规划

表 10-1　VMkernel 网卡参数

主机名称	VMkernel 名称	分布式交换机用途	端口组名称	网卡 IPv4 地址	开启的服务
ESXi-2	vmk2	高级业务专用	迁移	192.168.2.2	vMotion
	vmk3		容错	192.168.2.12	FT 日志管理
ESXi-3	vmk2		迁移	192.168.2.3	vMotion
	vmk3		容错	192.168.2.13	FT 日志管理

表 10-2　iSCSI 共享磁盘参数

iSCSI 服务器地址	挂载主机	主机对应 IQN[1]	数据存储名称	磁盘大小	iSCSI 名称（IQN）
192.168.3.10:3260	ESXi-2	iqn.2021-11.com.jan16:first	iscsi-1	400GB	iqn.2021-11.com.jan16:CentOS
	ESXi-3	iqn.2021-11.com.jan16:second	iscsi-1	400GB	iqn.2021-11.com.jan16:CentOS
192.168.3.20:3260	ESXi-2	iqn.2021-11.com.jan16:first	iscsi-2	400GB	iqn.2021-11.com.jan16:openfiler
	ESXi-3	iqn.2021-11.com.jan16:second	iscsi-2	400GB	iqn.2021-11.com.jan16:openfiler

表 10-3　虚拟机参数

虚拟机名称	CPU	磁盘	内存	存储位置	VMware Tools	硬件虚拟化
Server_2	1	40GB	1GB	iscsi-1	开启	开启

表 10-4　FT 功能参数

虚拟机	FT 功能	主虚拟机存储位置	辅助虚拟机存储位置	FT 数据存储位置
Server_2	开启	ESXi-2	ESXi-3	iscsi-2

项目分析

　　FT 功能的实现需要较多的先决条件，需要为开启 FT 功能的两台主机添加专用网卡，以实现 vMotion 操作的网络和 FT 日志流量的负载；并为其连接两个及更多的共享存储，以保证数据的可靠性。与此同时，由于 vSphere 版本的限制，开启 FT 功能的虚拟机要移除 USB2.0 接口设备和数据光盘等。随后开启 FT 功能，将主虚拟机放置在 ESXi-2 主机上，辅助虚拟机放置在 ESXi-3 主机上。

　　为了实现并验证容错功能，安排任务如下：

　　（1）开启 FT 功能；

　　（2）测试 FT 虚拟机。

---

①　IQN 用于标识单个 iSCSI 目标和启动器的唯一名称（全部小写）。

相关知识

10.1　FT 简介

FT 的运行规则是通过创建主虚拟机镜像的虚拟机实时卷影实例，来确保应用的持续可用。若发生硬件故障，则 FT 功能会自动触发故障转移操作，瞬间启用实时卷影实例，防止业务中断和数据丢失。故障转移后，会自动创建新的辅助虚拟机，为应用提供持续保护。FT 功能提供了比 HA 功能更高的冗余级别。当开启 FT 功能时，辅助虚拟机立刻会被激活，所有信息都会被完整保留。而 HA 功能则将直接重启虚拟机，这会结束虚拟机的所有进程和状态信息（程序和未保存数据都会丢失）。

10.2　FT 的工作方式

FT 功能可通过创建与主虚拟机实时同步的辅助虚拟机，可在发生故障切换时，使辅助虚拟机替换主虚拟机，从而为虚拟机提供连续可用性。

大多数关键虚拟机都需要开启 FT 功能，FT 功能通过创建一个重复虚拟机（又称为辅助虚拟机）来实现，该虚拟机会以虚拟锁步方式随主虚拟机一起运行。VMware vLockstep[①]可捕获主虚拟机上发生的输入和事件，并将这些输入和事件发送到正在另一台主机上运行的辅助虚拟机。使用此信息，辅助虚拟机的执行动作等同于主虚拟机的执行动作。它可以不中断地接管任何时间、地方的执行操作，从而提供容错保护。

主虚拟机和辅助虚拟机可持续交换检测信号，这使得两台虚拟机能够监控彼此的状态以确保容错功能的正常运行。如果主虚拟机的主机发生故障，系统将会执行透明故障切换操作，此时会立即启用辅助虚拟机以替换主虚拟机，并将生成且启动新的辅助虚拟机，在几秒内重新建立容错冗余。若运行辅助虚拟机的主机发生故障，则该主机也会立即被替换。因此，用户不会遭遇服务中断和数据丢失的情况。

FT 功能使用反亲和性规则，这些规则可确保容错虚拟机的两个实例永远不会在同一主机上。这可确保当其中一台主机故障时，不会使两台虚拟机上的数据都丢失。

FT 功能可避免"裂脑"情况的发生，此情况可能会导致虚拟机在故障恢复后，同时存在两个活动副本。FT 功能可使共享存储器上锁定的原文件用于故障切换，以便另一端作为主虚拟机继续运行，并且系统将自动生成新的辅助虚拟机。

---

①　VMware vLockstep 技术通过使主虚拟机和辅助虚拟机执行相同顺序的 x86 指令来完成工作过程。

10.3　FT 的互操作性

1. FT 不支持的 vSphere 功能

- 快照；
- Storage vMotion；
- 链接克隆；
- 虚拟机组件保护（VMCP）；
- 虚拟卷数据存储；
- 基于存储的策略管理；
- I/O 筛选器。

2. 与 FT 不兼容的功能或设备

- 物理裸磁盘映射（RDM）；
- 由物理或远程设备支持的 CD-ROM 或虚拟软盘设备；
- USB 和声音设备；
- 网卡直通（NIC Passthrough）；
- 热插拔设备；
- 串行或并行端口；
- 启用了 3D 功能的视频设备；
- 虚拟 EFI 固件；
- 虚拟机通信接口（VMCI）。

3. 将 FT 功能与 DRS 功能配合使用

仅当启用 EVC（增强型 vMotion 兼容性）功能时，才能联动 DRS 功能。

10.4　配置 FT 功能的条件

1. 配置 FT 功能的网络要求

- 运行容错虚拟机的每台主机上必须配置两个不同的网络交换机，分别用于 vMotion 操作和 FT 日志记录；
- 每台主机建议最少使用两个物理网卡（一个专门用于存储 FT 日志记录，另一个专门用于 vMotion 操作）；

- 建议使用专门的 10Gbps 网络用于存储 FT 日志记录，以确保时延非常短。

2. 配置 FT 功能的集群要求

- 创建 HA 集群并开启 HA 功能；
- 为确保冗余及最大限度的容错保护，集群中应至少有三台主机；
- 主机必须获得 FT 的许可与认证；
- 主机必须使用受支持的处理器并启用硬件虚拟化功能。

3. 配置 FT 功能的虚拟机要求

- 没有不兼容 FT 功能的设备，以及不兼容的 vSphere 功能连接、配置；
- 虚拟机文件（VMDK 文件除外）必须存储在共享存储中；
- 开启 FT 功能后，容错虚拟机的预留内存设置为虚拟机的内存大小。

 项目实施

任务 10-1　开启 FT 功能

扫一扫，看微课

▶ 任务规划

搭建开启 FT 功能的环境，然后为虚拟机 Server_2 开启 FT 功能。

（1）检查 HA 功能是否开启；

（2）为 ESXi-2、ESXi-3 主机添加专用网卡；

（3）为虚拟机 Server_2 开启 FT 功能；

（4）打开虚拟机 Server_2（主）的电源。

▶ 任务实施

1. 检查 HA 功能是否开启

在【vSphere Client】管理界面的导航栏中，单击【Cluster-HA】→【配置】→【vSphere 可用性】选项，当显示【已打开 vSphere HA】时，则 HA 功能已启用，如图 10-2 所示。

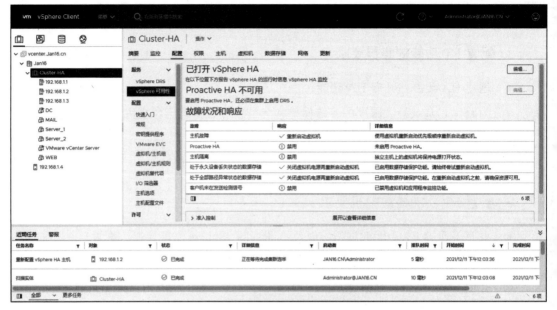

图 10-2　检查集群是否开启 HA 功能

2. 为 ESXi-2、ESXi-3 主机添加专用网卡

（1）为指定的 ESXi 主机（如本项目的 ESXi-2、ESXi-3 主机）添加【FT 日志记录】的 VMkernel 网卡。在【vSphere Client】管理界面的导航栏中，选中【192.168.1.2】主机，依次单击【配置】→【VMkernel 适配器】选项，可以看到前文中配置并开启 vMotion 功能的 VMkernel 网卡（vmk2），如图 10-3 所示。

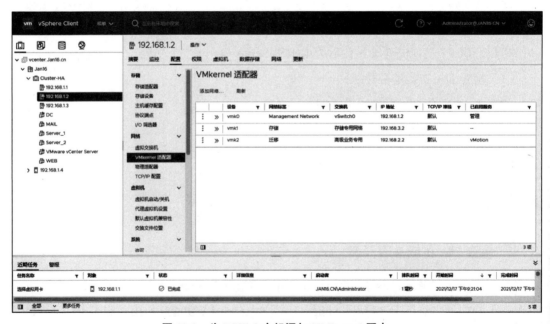

图 10-3　为 ESXi-2 主机添加 VMkernel 网卡

（2）在【选择连接类型】界面中，选择【VMkernel 网络适配器】单选按钮，如图 10-4
所示。

图 10-4　【选择连接类型】界面

（3）在【选择目标设备】界面中，选择【选择现有网络】单选按钮，并单击右侧的【浏
览】选项，如图 10-5 所示。

图 10-5　【选择目标设备】界面

（4）在【选择网络】窗口中，单击名称为【容错】的分布式端口组，单击【确定】按
钮，如图 10-6 所示。

图 10-6　【选择网络】窗口

（5）在【选择目标设备】界面中，确认配置信息无误后，单击【NEXT】按钮，如图 10-7 所示。

图 10-7　【选择目标设备】界面

（6）在【端口属性】界面中，开启【Fault Tolerance 日志记录】服务，其余选项保持默认配置，如图 10-8 所示。

图 10-8　【端口属性】界面

（7）在【IPv4 设置】界面中，选择【使用静态 IPv4 设置】单选按钮，并配置 IPv4 地址为【192.168.2.12】、子网掩码为【255.255.255.0】，其余选项保持默认配置，如图 10-9 所示。

图 10-9　【IPv4 设置】界面

（8）在【即将完成】界面中，检查配置信息无误后，单击【FINISH】按钮，如图 10-10 所示。

图 10-10　【即将完成】界面

（9）在 ESXi-2（192.168.1.2）主机的【VMkernel 适配器】界面中，可以查看到刚刚添加且开启【Fault Tolerance 日志记录】服务的 VMkernel 网卡（vmk3），如图 10-11 所示。

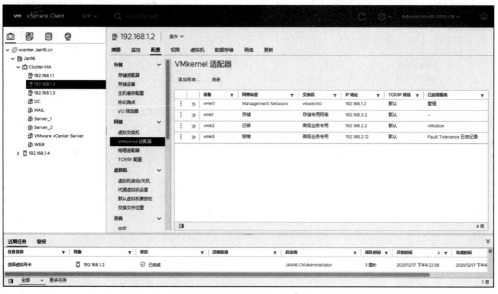

图 10-11　已添加 VMkernel 网卡

（10）在【vSphere Client】管理界面的导航栏中，选中【192.168.1.3】主机，依次单击【配置】→【VMkernel 适配器】选项，可以看到前文配置并开启 vMotion 服务的 VMkernel

网卡（vmk2），如图 10-12 所示。

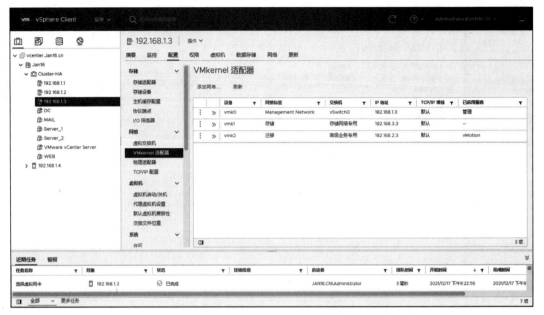

图 10-12　为 ESXi-3 主机添加 VMkernel 网卡

（11）重复步骤（2）～（6）的操作。在【IPv4 设置】界面中，选择【使用静态 IPv4 设置】单选按钮，并配置 IPv4 地址为【192.168.2.13】、子网掩码为【255.255.255.0】，其余选项保持默认配置，如图 10-13 所示。

图 10-13　【IPv4 设置】界面

（12）在【即将完成】界面中，检查配置信息无误后，单击【FINISH】按钮，如图 10-14 所示。

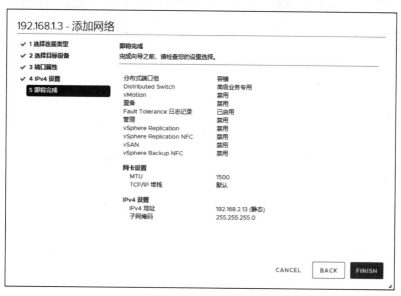

图 10-14　即将完成（ESXI-3）

（13）在 ESXi-3（192.168.1.3）主机的【VMkernel 适配器】界面中，可以查看到刚刚添加且开启【Fault Tolerance 日志记录】服务的 VMkernel 网卡（vmk3），如图 10-15 所示。

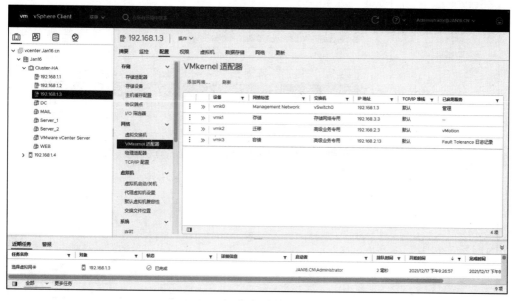

图 10-15　已添加 VMkernel 网卡

3. 为虚拟机 Server_2 开启 FT 功能

（1）在【Cluster-HA】集群中，右击虚拟机【Server_2】，在弹出的快捷菜单中依次单击【Fault Tolerance】→【打开 Fault Tolerance】选项，如图 10-16 所示。

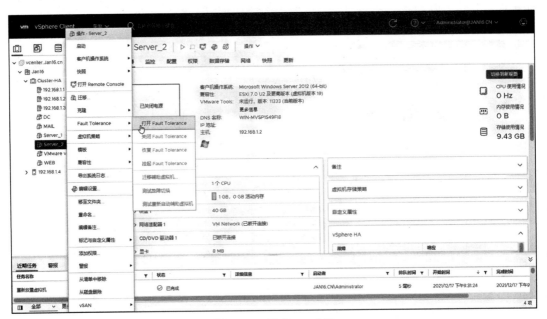

图 10-16　开启 FT 功能

（2）在【选择数据存储】界面中，选择【iscsi-2】，如图 10-17 所示。

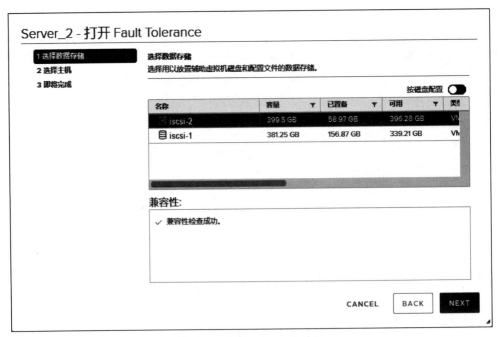

图 10-17　【选择数据存储】界面

（3）在【选择主机】界面中，选择【192.168.1.3】（ESXi-3）主机，作为【辅助虚拟机】的存储位置，如图 10-18 所示。

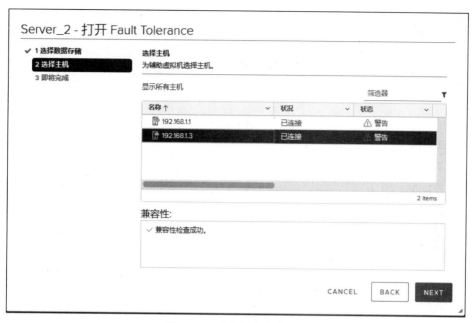

图 10-18　【选择主机】界面

（4）在【即将完成】界面中，确认配置信息无误后单击【FINISH】按钮，如图 10-19 所示。

图 10-19　【即将完成】界面

（5）可以在【vSphere Client】管理界面导航栏下方【近期任务】列表中观察到【任务名称】为【打开 Fault Tolerance】的任务已经完成，如图 10-20 所示。

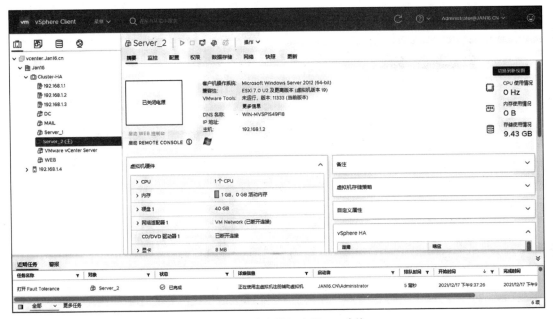

图 10-20　已为虚拟机启用 FT 功能

4. 打开虚拟机 Server_2（主）的电源

（1）在【vSphere Client】管理界面的导航栏中右击【Server_2（主）】虚拟机，并在弹出的快捷菜单中依次单击【启动】→【打开电源】选项；在导航栏底部的【近期任务】列表中会显示【启动 Fault Tolerance 辅助虚拟机】任务，如图 10-21 所示。

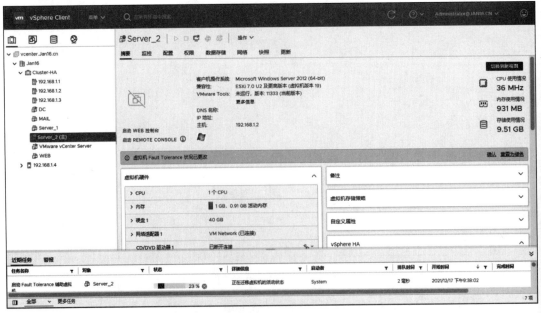

图 10-21　打开虚拟机 Server_2（主）的电源

（2）稍等片刻，虚拟机 Server_2（主）启动，其虚拟机状态如图 10-22 所示。

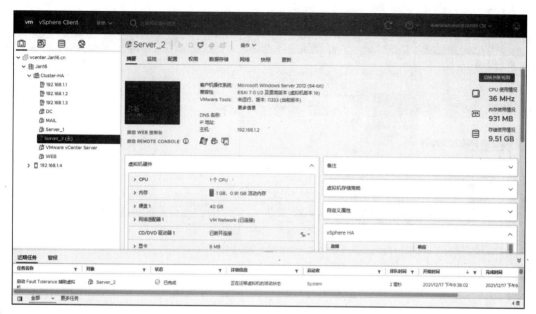

图 10-22　虚拟机 Server_2（主）已经启动

▶ 任务验证

（1）在【Cluster-HA】集群中，依次单击【192.168.1.3】→【虚拟机】→【虚拟机】按钮，可以看到虚拟机【Server_2（辅助）】，如图 10-23 所示。

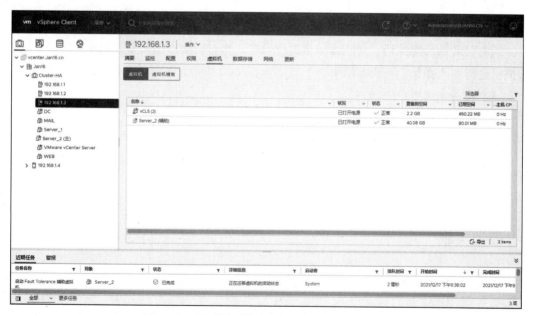

图 10-23　可以看到辅助虚拟机在 ESXi-3 主机上

（2）在【Cluster-HA】集群中，单击虚拟机【Server_2（主）】，可以看到该虚拟机运行在【192.168.1.2】（ESXi-2）主机上，如图 10-24 所示。

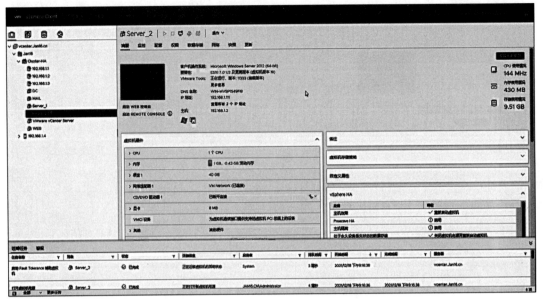

图 10-24 可以看到主虚拟机运行在 ESXi-2 主机上

任务 10-2 测试 FT 虚拟机

扫一扫，看微课

▶ 任务规划

同时打开两台虚拟机，对主虚拟机进行操作，查看辅助虚拟机是否同步。尝试对辅助虚拟机进行写入操作，并观察结果。

（1）查看主虚拟机的状态；

（2）尝试关闭辅助虚拟机的电源；

（3）确认虚拟机的 IP 地址，并检查其与客户机之间的连通性；

（4）在虚拟机中写入文件；

（5）模拟主机故障（关闭主虚拟机所运行主机的电源）。

▶ 任务实施

1. 查看主虚拟机的状态

在【vSphere Client】管理界面的导航栏中，检查虚拟机 Server_2（主）的状态，如

图 10-25 所示。

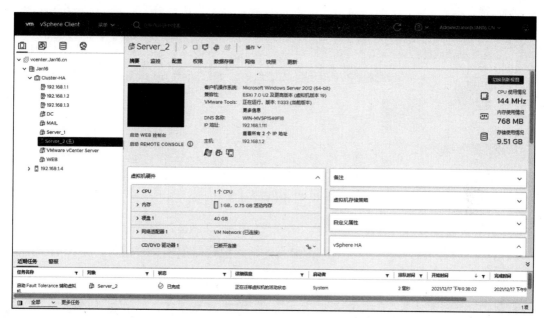

图 10-25　虚拟机 Server_2（主）的状态

2. 尝试关闭辅助虚拟机的电源

（1）访问虚拟机与 Server_2（辅助）对应的 ESXi 主机页面（192.168.1.3 主机的控制台界面），在【虚拟机】界面中找到并勾选【Server_2】复选框，单击【关闭电源】按钮，如图 10-26 所示。

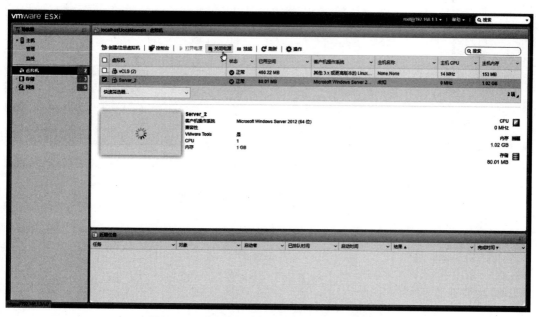

图 10-26　关闭虚拟机 Server_2（辅助）的电源

（2）此时，会弹出警告窗口，单击【是】按钮，如图 10-27 所示。

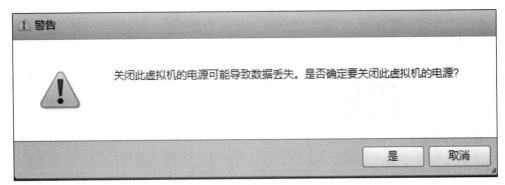

图 10-27　【警告】窗口

（3）随后会出现【无法关闭虚拟机 Server_2 电源，Fault Tolerance 对辅助虚拟机不支持此操作】的提示，如图 10-28 所示。说明辅助虚拟机的数据受容错保护，无法被随意写入。

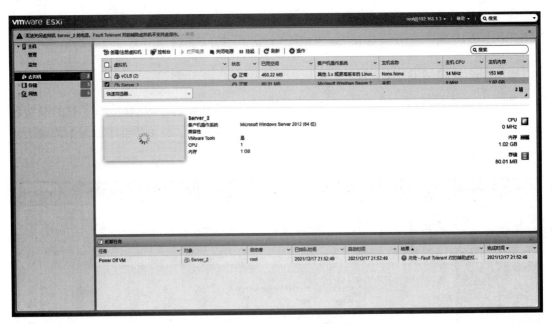

图 10-28　提示无法关闭虚拟机

3. 确认虚拟机的 IP 地址，并检查其与客户机之间的连通性

回到【vSphere Client】界面的导航栏中，找到虚拟机【Server_2（主）】并选中，单击【启动 WEB 控制台】，如图 10-29 所示。确认虚拟机 Server_2（主）的 IP 地址，并在客户机上使用【命令提示符】检查客户机与虚拟机 Server_2（主）之间的连通性，如图 10-30 所示。

图 10-29　查看虚拟机 Server_2（主）的状态

图 10-30　连通性检测

4. 在虚拟机中写入文件

在虚拟机 Server_2 中新建一个文本文件，写入并保存内容（模拟文件写入操作），如图 10-31 所示。

图 10-31　在虚拟机 Server_2 中写入文件

5. 模拟主机故障（关闭主虚拟机所运行主机的电源）

（1）回到【vSphere Client】管理界面的导航栏中，选中【192.168.1.2】（ESXi-2）主机并右击，在弹出的快捷菜单中依次单击【电源】→【关机】选项，如图 10-32 所示。

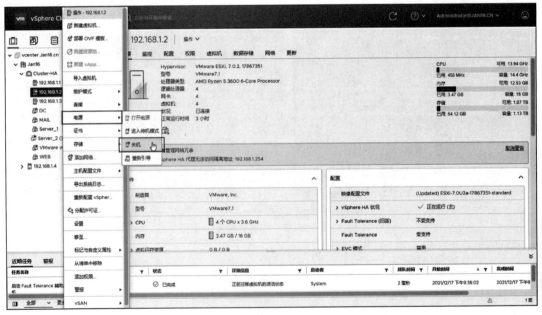

图 10-32　关闭 ESXi-2 主机的电源

（2）在【关闭主机】窗口中，输入关闭操作的原因（如【testFT】），如图 10-33 所示，随后单击【确定】按钮。

图 10-33　【关闭主机】窗口

（3）稍等片刻，【192.168.1.2】主机会出现【主机连接和电源状况】的警告提示，则该主机已经关机，如图 10-34 所示。

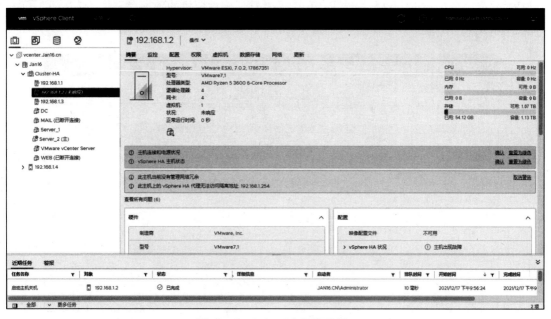

图 10-34　ESXi-2 主机已关机

▶ 任务验证

（1）当虚拟机 Server_2（主）处于电源开启状态时，在 192.168.1.3（ESXi-3）主机控制台界面中，对 Server_2 的辅助虚拟机单独进行开启电源的操作，发现无法开启，因为该虚拟机受容错保护，不能被读取/写入，如图 10-35 所示。

图 10-35　无法单独为 Server_2 的辅助虚拟机开启电源

（2）关闭【192.168.1.2】主机的电源前。在【vSphere Client】管理界面的导航栏中，单击【Server_2（主）】→【数据存储】选项，可以看到该虚拟机的数据存储位于【iscsi-1】中，如图 10-36 所示。

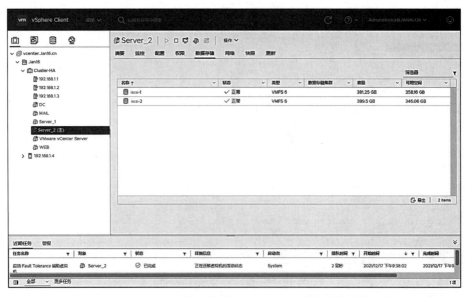

图 10-36　关闭 ESXi-2 主机电源前，虚拟机 Server_2（主）的存储位于【iscsi-1】中

（3）【192.168.1.2】主机的电源已经关闭。回到【vSphere Client】管理界面的导航栏中，单击【Server_2（主）】虚拟机，会出现【虚拟机 Fault Tolerance 状况已更改】的提示，并且【主机】一栏的 IP 地址发生了改变，但客户机对虚拟机的访问并未中断，如图 10-37 所示。

图 10-37 将虚拟机 Server_2 切换到辅助虚拟机，业务未中断

（4）此时，重新访问虚拟机 Server_2 的桌面，可以看到存放的文件仍然存在，如图 10-38 所示，说明主、辅助虚拟机的数据是同步的。

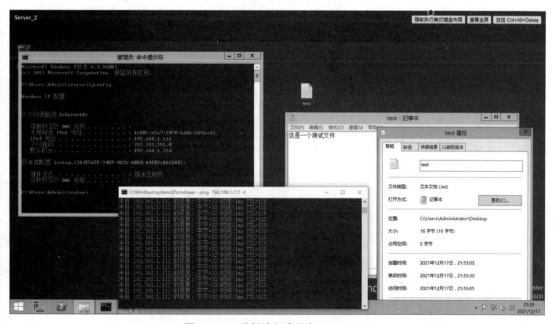

图 10-38 重新访问虚拟机 Server_2

（5）在【vSphere Client】管理界面的导航栏中查看虚拟机【Server_2（主）】的数据存储位置，可以看到已被迁移至【iscsi-2】中，如图 10-39 所示。

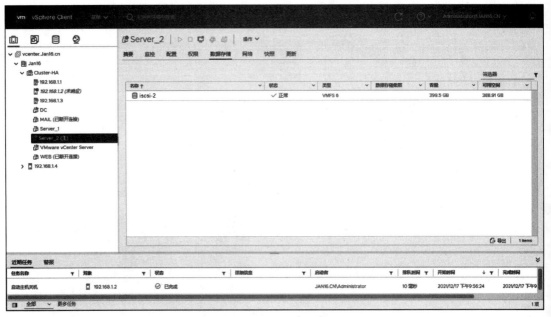

图 10-39　【Server_2（主）】的数据存储位置被迁移至【iscsi-2】中

选择题

1. 哪个 vSphere 组件可用于为每台虚拟机创建实时卷影实例，以便在虚拟机出现故障时可由卷影实例取代虚拟机？（　　　）

A. HA　　　　　　　　　　　　　　　　　　B. FT

C. Data Protection（数据保护）　　　　　　D. DRS

2. FT 的优势是什么？（　　　）

A. 实现所有应用程序的零停机和零数据丢失

B. 提供快速、简单且经济高效的备份服务

C. 通过份额和预留资源确保应用程序的可扩展性

D. 利用虚拟化管理程序的优势，提供虚拟机资源的清晰可见性服务

3. 下列不属于 FT 的工作方式的有（　　　）。

A. 对于给定的主虚拟机，在其他主机上运行一台辅助虚拟机

B. 辅助虚拟机通过专用网络发送日志记录以保持"虚拟同步"

C. 默认情况下，辅助虚拟机会写入网络存储器中

D. 若主虚拟机出现故障，则辅助虚拟机将在无中断的情况下接管并运行应用程序，实现透明故障切换操作

4. 启用 FT 功能后，下列支持的 vSphere 功能有（　　　）？（多选题）

A. Storage vMotion

B. 链接克隆

C. Virtual SAN[①]

D. DRS

E. 虚拟机组件保护（VMCP）

F. HA

5. 下列在开启 FT 与 HA 功能协作的集群中，说法正确的是（　　　）？（多选题）

A.FT 虚拟机只能在一个 HA 集群中运行

B.当某台主机出现故障时，FT 辅助虚拟机会进行接管

C.当某台主机出现故障时，重启同时支持 HA 和 FT 功能的虚拟机

6. 下列有关配置虚拟机 FT 功能的基础条件，正确的是（　　　）？（多选题）

A.ESXi 主机必须使用受支持的 CPU

B.使用专有网络

C.vSphere 版本影响 vCPU（虚拟中央处理器）数量，需要购买许可

7. 下列不支持 FT 功能的设备有哪些？（　　　）（多选题）

A.单独的 CD/DVD ROM（只读存储器）、软驱

B.不符合版本要求的 USB 控制器

C.串行和并行设备

D.启用 RDM（裸设备映射）功能

---

① 专为虚拟机设计的融合了虚拟化管理程序的软件定义存储。

华信SPOC官方公众号

欢迎广大院校师生 **免费** 注册应用

www.hxspoc.cn

华信SPOC在线学习平台

专注教学

教学课件
师生实时同步

数百门精品课
数万种教学资源

多种在线工具
轻松翻转课堂

电脑端和手机端（微信）使用

测试、讨论、
投票、弹幕……
互动手段多样

一键引用，快捷开课
自主上传，个性建课

教学数据全记录
专业分析，便捷导出

登录 www.hxspoc.cn 检索 华信SPOC 使用教程 获取更多

华信SPOC宣传片

教学服务QQ群： 1042940196

教学服务电话：010-88254578/010-88254481

教学服务邮箱：hxspoc@phei.com.cn

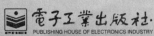
电子工业出版社
PUBLISHING HOUSE OF ELECTRONICS INDUSTRY
华信教育研究所